Iris Pufé

W0012064

Nachhaltigkeits-
management

HANSER

Bibliografische Information der Deutschen Nationalbibliothek
Die Deutsche Nationalbibliothek verzeichnet diese Publikation in der Deutschen Nationalbibliografie; detaillierte bibliografische Daten sind im Internet über http://dnb.d-nb.de abrufbar.

© 2012 Carl Hanser Verlag München
http://www.hanser.de

Lektorat: Lisa Hoffmann-Bäuml
Herstellung: Thomas Gerhardy
Layout: Der Buchmacher, Arthur Lenner, München
Umschlaggestaltung: Parzhuber & Partner GmbH, München
Umschlagrealisation: Stephan Rönigk
Druck und Bindung: Kösel, Krugzell
Printed in Germany

ISBN 978-3-446-43020-4
E-Book ISBN 978-3-446-43154-6

Inhalt

People, Profit, Planet
Nachhaltigkeitszitate

- Der Klimawandel ist das größte und am weitesten reichende Marktversagen der Weltgeschichte. *(Sir Nicholas Stern)*
- Ein Kind, das heute an Hunger stirbt, wird ermordet. Letztes Jahr sind nach dem Welternährungsbericht jeden Tag 100 000 Menschen an Hunger oder seinen unmittelbaren Folgen gestorben, alle fünf Sekunden ist ein Kind unter zehn Jahren verhungert. *(Jean Ziegler, 2007)*
- Wer den globalen Markt will, der muss aus wirtschaftsethischer Sicht auch sozialverträgliche und ökologisch nachhaltige globale Rahmenbedingungen des Wettbewerbs wollen. *(Peter Ulrich)*
- Konzerne investieren Unsummen, um das Image ihrer Marken zu pflegen. Gespart wird dafür bei den Produktionsbedingungen. Die Folge sind katastrophale Arbeitsverhältnisse, Armut und die Verletzung von Menschenrechten. Soziales Engagement ist dabei nicht mehr als ein Werbegag. *(Schwarzbuch Markenfirmen)*
- In einer immer enger werdenden Welt mit immer knapperen Ressourcen wird nur die Volkswirtschaft sich mittelfristig behaupten können, die zeitig gelernt hat, so umweltgerecht wie möglich zu produzieren, zu vertreiben und zu konsumieren. *(Heinrich Lersner)*
- Erst wenn der letzte Baum gefällt, der letzte Fluss verschmutzt und der letzte Fisch gefangen ist, werdet ihr feststellen, dass man Geld nicht essen kann. *(Seattle, Häuptling der Cree)*
- Ethik ohne Ökonomik ist leer, Ökonomik ohne Ethik ist blind. *(Karl Homann)*
- Wir haben die Erde nicht von unseren Ahnen geerbt, wir borgen sie uns von unseren Kindern. *(Sitting Bull, Sioux)*
- Handle so, dass die Maxime deines Willens jederzeit zugleich als Prinzip einer allgemeinen Gesetzgebung gelten könnte. *(Immanuel Kant)*

1 Einleitung

*Das höchste Ziel des Kapitals ist nicht,
Geld zu verdienen, sondern der Einsatz von Geld
zur Verbesserung des Lebens.
(Henry Ford)*

*Lieber Geld verlieren als Vertrauen.
(Robert Bosch)*

Nachhaltigkeit ist das Schlagwort der Stunde, sei es in Wirtschaft, Wissenschaft oder Medien. Unternehmen unterliegen einem sich globalisierenden Wettbewerb sowie einem zunehmenden Ressourcen-, Kosten- und Innovationsdruck. Um mittel- wie langfristig erfolgreich zu operieren, bedürfen viele von ihnen der Erneuerung ihrer Geschäftsmodelle und -strategien.

Vor dem Hintergrund sich verschärfender Umweltgesetzgebungen sowie ethisch-sozialer Vorschriften sind Firmen, die Nachhaltigkeitsprinzipien systematisch anwenden, im Vorteil:

- ▶ Differenzierung und Effizienzsteigerung,
- ▶ Steigerung des Innovationspotenzials,
- ▶ verbessertes Ranking am Kapitalmarkt,
- ▶ verbesserte Legitimität der Unternehmenstätigkeit,
- ▶ verbesserte Befriedigung der Kundenwünsche,
- ▶ motiviertere Mitarbeiter,
- ▶ langfristige Überlebensfähigkeit.

Ausgehend von einer zunächst politischen und gesellschaftlichen Verankerung bahnte sich die Nachhaltigkeit zäh und beharrlich ihren Weg in Wissenschaft, Wirtschaft und Gesetzgebung.

Chancen und Prognosen
- Globales Marktvolumen von zehn Billionen Dollar bis 2050.
- Deutschland meldet jährlich 21 % aller globalen umwelttechnologischen Patente an.
- Der Anteil der Umwelttechnik am deutschen Bruttoinlandsprodukt soll von 8 % im Jahr 2008 auf 14 % 2020 steigen.
- Die Anzahl der Beschäftigten in der Umwelttechnik wird von 1,1 Millionen 2008 auf 2,2 Millionen im Jahr 2020 prognostiziert.

Der Querschnittscharakter bringt mit sich, dass sich unterschiedliche Bereiche und Disziplinen damit befassen. „Nachhaltigkeitspraktiker", die ergebnis- und nutzenorientiert nach der direkten Anwendung von Nachhaltigkeit fragen, interessiert dabei vor allem die Umsetzung von Nachhaltigkeit in Unternehmen. Deshalb konzentriert sich dieser Pocket Power *Nachhaltigkeitsmanagement* gezielt darauf.

Nachhaltigkeit verfolgt eine präventive, auf die langfristige Sicherung der globalen ökologischen Bestandsbedingungen gerichtete, am Prinzip internationaler Solidarität und Gerechtigkeit orientierte, kooperativ und partizipativ angelegte Unternehmensführung, die anstelle einer sektoral segmentierten eine integrative Form der Problembearbeitung anstrebt. „Nachhaltige Entwicklung" betont dabei die Dynamik, die Veränderung der Prozesse.

„Nachhaltiges Wirtschaften" bedeutet, Profite sozial und ökologisch verantwortungsvoll zu erwirtschaften, und nicht, Profite zu erwirtschaften, um sie dann für Sozial- oder Umweltbelange einzusetzen.

Nachhaltigkeitsmanagement umfasst die drei Dimensionen

- Ökonomie,
- Ökologie und
- Soziales.

Diese drei Dimensionen sind wechselseitig voneinander abhängig und sollten gemeinsam und gleichberechtigt betrachtet werden.

Die Kernfragen des Buches sind:

▶ Was ist Nachhaltigkeit? Warum spielt sie aktuell eine so große Rolle?
▶ Woher kommt das Konzept, wie ist es entstanden, wie hat es sich entwickelt?
▶ Was sind Kernprinzipien, -konzepte und -modelle?
▶ Welche Strategien dienen zur Orientierung?
▶ Anhand welcher Schritte setze ich Nachhaltigkeit in meinem Unternehmen um?
▶ In welchen Bereichen und Funktionen könnte Nachhaltigkeit integriert werden?
▶ Welche Beispiele gibt es an Unternehmen, die Nachhaltigkeit erfolgreich integrieren?

Die Hauptfrage ist: Wie können Unternehmensführung, Prozesse, Produkte, Produktion und Personalmanagement so verbessert werden, damit Sie als Manager und Mitarbeiter Ihr Unternehmen für die Zukunft nachhaltig erfolgreich aufstellen – wirtschaftlich, ökologisch und sozial, langfristig, andauernd und existenzsichernd?

Dieser Band vermittelt Ihnen das grundlegende Praxiswissen zum Thema Nachhaltigkeit. Das Buch zeigt Ihnen, wie Sie

- ▶ gesellschaftliches Engagement als Gestaltungschance begreifen,
- ▶ stärker umwelt- und sozialverträglich wirtschaften,
- ▶ Ihre Wettbewerbs- und Überlebensfähigkeit steigern,
- ▶ interne und externe Risiken verringern,
- ▶ für zufriedenere Mitarbeiter und Kunden sorgen.

2 Allgemeines zu Nachhaltigkeit

2.1 Aktuelle Nachhaltigkeitsprobleme

Die Tragweite und Dringlichkeit von Nachhaltigkeit lassen sich nur angesichts der Probleme und Ursachen dahinter ermessen. Tabelle 1 gibt einen entsprechenden Überblick. Um

Weltbevölkerung	Ernährung
▶ Bevölkerungsexplosion ▶ Ressourcenkriege, Kampf um Wasser ▶ Migration, Urbanisierung ▶ Ressourcenflucht ▶ Terrorismus, Destabilisierung	▶ Klimawandel, Treibhauseffekt ▶ Zerstörung, Verschmutzung ▶ Desertifikation (Wüstenbildung), Bodenerosion ▶ Nord-Süd-Kluft ▶ Biodiversitätsverlust (Reduzierung der Artenvielfalt)
Rohstoffe und Energie	**Wohlstand und Gesundheit**
▶ Ressourcenerschöpfung ▶ Peak Oil, Engpässe ▶ Steigende Energienachfrage ▶ Verteilungskämpfe	▶ Armut, Krankheit ▶ Welthunger, Unterernährung ▶ Ozonloch, Feinstaub, Smog ▶ Bildungsdefizite, Analphabetismus ▶ Mangel an Grundversorgung
Umweltprobleme	**Menschenrechte**
▶ Klimawandel, Treibhauseffekt ▶ Zerstörung, Verschmutzung ▶ Desertifikation, Bodenerosion ▶ Polkappenschmelze, Tsunamis, Orkane ▶ Arten-, Waldsterben	▶ Diskriminierung, Ungerechtigkeit ▶ Kinderarbeit, Minderheiten etc. ▶ Verbrechen, Korruption ▶ Arbeitssicherheit, Unfälle ▶ Lohndumping, Ausbeutung

Tabelle 1: *Globale Probleme*

nur einen Aspekt aus dieser Tabelle herauszunehmen: Die Bevölkerung wird sich voraussichtlich bis zum Jahr 2050 auf 9,1 Milliarden erhöhen, 1990 waren es noch 5,3 Milliarden (Quelle: UN, World Population Prospects 2009). Nur allein dieser Aspekt stellt uns vor nicht einschätzbare Probleme.

Earth Overshoot Day

Am 21. August 2010 überschritt der Bedarf der Weltbevölkerung nach natürlichen Ressourcen, das für das gesamte Jahr 2010 zu Verfügung stehende Angebot. Nach diesem Tag häuften wir für den Rest des Jahres Abfall und ökologische Schulden an, indem wir unseren Grundstock an Naturkapital verbrauchten. Bis vor einiger Zeit konnte die Menschheit immer vom Zins der Natur leben, das heißt, dass mehr Ressourcen und CO_2 von der Natur jedes Jahr produziert bzw. absorbiert wurden. Aber vor etwa drei Jahrzehnten änderte sich das. Dass wir unser natürliches Kapital schneller ausgeben, als es sich erneuert, gleicht der Situation überhöhter Ausgaben bei geringem Einkommen.

2.2 Meilensteine der Nachhaltigkeit

Man kann nicht den Wald abholzen
und das Echo stehen lassen.
(Richard Schröder)

Geschichtliche Meilensteine

Das Prinzip der Nachhaltigkeit wurde erstmals 1713 von Oberberghauptmann Hans Carl von Carlowitz formuliert. Mit Holz als primären und höchst wichtigen Rohstoff jener Zeit, war die alles entscheidende Frage: Wie lässt sich eine natürliche Ressource auf Dauer intensiv nutzen und gleichzeitig in ihrer Substanz erhalten? Die Antwort von Carlowitz war „eine Bewirtschaftungsweise, die auf einen möglichst hohen, gleichzeitig aber dauerhaften Holzertrag der Wälder abzielte". Damit war Nachhaltigkeit als ressourcenökonomisches Prinzip geboren: Es sollte pro Jahr nicht mehr Holz geschlagen werden, als binnen einer gewissen Regenerationszeit nachwachsen konnte. „Von den Erträgen einer Substanz, nicht von der Substanz selbst leben!" war seine Quintessenz.

Um Mitte des 19. Jahrhunderts gewann die Bodenreinertragslehre an Popularität. Die neue Lehre fragte rein nach der höchstmöglichen Verzinsung des im Wald investierten Kapitals. Statt des maximalen stetigen Holzertrages rückte der maximale monetäre Ertrag einer Waldfläche ins Zentrum. Leitbild wurde die „nachhaltige" – also dauerhaft mögliche – maximale Rendite des Kapitals. Nicht mehr die Produktivität der Natur war der Maßstab, sondern der freie Markt und sein Gesetz von Angebot und Nachfrage. Die Zyklen der Natur wichen dem Primat des Kapitalismus, der Gebrauchswert wich dem Tauschwert. Nachhaltigkeit wurde von der Natur und vom gesellschaftlichen Bedarf an Naturprodukten abgekoppelt. Das Prinzip Verantwortung für Generationen wich einem langfristigen Kosten-Nutzen-Kalkül des Waldbesitzers.

Wissenschaftliche Meilensteine

Den Beginn der wissenschaftlichen Auseinandersetzung über „nachhaltige Entwicklung" markiert die Studie *Grenzen des Wachstums*. Der Bericht aus dem Jahre 1972 rief zu einer neuen Weltkonjunkturpolitik auf: „Wir suchen nach einem Modell, das ein Weltsystem abbildet, das 1. nachhaltig ist ohne plötzlichen und unkontrollierbaren Kollaps; und 2. fähig ist, die materiellen Grundansprüche aller seiner Menschen zu befriedigen." Der Ton war ernst, aber hoffnungsvoll. „Die Menschheit hat noch die Chance, durch ein auf die Zukunft bezogenes gemeinsames Handeln aller Nationen die Lebensqualität zu erhalten und eine Gesellschaft im weltweiten Gleichgewicht zu schaffen, die Bestand für Generationen hat." Dieser Appell lag in einer intensiven Auseinandersetzung mit dem Zustand der Erde, ihrer Menschen und ihrer Ressourcen wissenschaftlich nachweisbar begründet.

„Grenzen des Wachstums"

„Stell dir vor, du entdeckst eines Tages auf deinem Gartenteich eine Seerose. Du freust dich an ihrer wunderbar zarten Blütenpracht, weißt andererseits, dass diese Pflanze stark wuchert und ihre Blattfläche jeden Tag verdoppelt. Wenn sie ungehindert wächst, werden ihre Schwimmblätter eines Tages den gesamten Teich bedecken. Dann werden sie in kurzer Zeit alle anderen Lebensformen ersticken. Die Seerose scheint freilich in den folgenden Tagen und Wochen ziemlich zierlich und harmlos zu bleiben. Du machst dir keine großen Sorgen. Im Gegenteil, du freust dich an ihrer wachsenden Pracht. Am 29. Tag stellst du plötzlich fest, dass ihre Blätter die Wasserfläche des Teiches zur Hälfte bedecken. Wie viel Zeit bleibt dir noch, um den Teich zu retten?"

Mittels dieser Metapher veranschaulichte die Forschungsgruppe um Dennis Meadows (2008) im Rahmen ihrer Analysen für die *Grenzen des Wachstums* das Problem unserer ressourcen- und emissionsintensiven Industriegesellschaft. Das Tückische an der Idylle nämlich ist, dass dort Wachstum nicht linear verläuft, sondern exponentiell. Kurz, das Wachstum eines Teils ist tödlich für das Ganze. Am Ende steht der ökologische Kollaps, der nur durch ein Herumreißen des Ruders verhindert werden kann.

Es sollten weitere 15 Jahre vergehen, bis der Begriff der Nachhaltigkeit erstmals in einem offiziellen politischen Dokument Niederschlag und schriftliche Fixierung fand: 1987 war im Brundtland-Bericht (Hauff 1987) die Rede von einem „dauerhaften Gleichgewichtszustand". Von hier rührt die klassische und bis heute am meisten anerkannte Definition:

 „Nachhaltige Entwicklung ist eine Entwicklung, die gewährleistet, dass künftige Generationen nicht schlechtergestellt sind, ihre Bedürfnisse zu befriedigen, als gegenwärtig lebende."

Politische Meilensteine

Politische Gefahren, die mit einer nicht nachhaltigen Entwicklung verbunden sind, sind wachsende internationale Spannungen im Wettlauf um Energie, Nahrung und Rohstoffe und Machtmissbrauch durch ressourcenreiche Länder des Südens bis hin zum Einbruch des Wirtschafts-, Handels-, Finanz- und Kreditsystems.

Neuen Auftrieb bekam der Schutz der Erde auch durch die Weltraumperspektive. 400 000 Kilometer von der Erde entfernt meinte der Astronaut Eugene Cernan 1972: „Wir brachen auf, um den Mond zu erkunden, aber tatsächlich entdeckten wir die Erde." Er und seine Kollegen sprachen von der blauen Weltkugel, den meistpublizierten Fotos aller Zeiten, als fragil, zerbrechlich, zart, verletzlich. Vom Universum aus war die Schönheit der Erde von grenzenloser Majestät, sie war ein funkelnder blauweißer Juwel, unergründlich und geheimnisvoll, ein einsames, marmoriertes, winziges Etwas, ein Saphir auf schwarzem Samt. Das jedenfalls waren die Bezeichnungen von Astronauten beim Anblick unseres Planeten vom Weltall aus.

Zu Beginn des Jahrhunderts fanden erste internationale Konferenzen zum Thema Naturschutz statt. Ein globales Großereignis war die erste weltweite Umweltkonferenz, die Stockholmer Konferenz für menschliche Umwelt 1972 der UNO. Ab Mitte der 70er-Jahre stieg das öffentliche und politische Interesse an Umweltschutzthemen wie z.B. Waldsterben und saurer Regen. Dies nicht zuletzt durch die Ölkrise, Kriege und Unruhen. Es wurden bindende Regelungen zwischen Staaten zum Schutz der Umwelt beschlossen wie das Washingtoner Artenschutzabkommen. Die Probleme wurden greifbarer, die Ziele konkreter.

An der Schwelle zum dritten Jahrtausend markierte die weltweite Umweltkonferenz in Rio de Janeiro 1992 den Höhepunkt bisheriger Nachhaltigkeitsbemühungen. Die Ergebnisse: rund 10 000 Teilnehmer und Delegierte aus 178 Staaten, zwei internationale Abkommen, zwei Grundsatzerklärungen und die Agenda 21 als Aktionsprogramm für eine weltweite nachhaltige Entwicklung, der Hoffnungsschimmer der Naturschützer und Menschenfreunde. Nachhaltigkeit ist damit „mehr als ein Konzept der Umweltpolitik, mehr als eine Strategie der Entwicklungspolitik oder einer technologischen Innovation. Konzipiert ist sie als neuer zivilisatorischer Entwurf" (Grober 2010). International wurden in den Folgejahren verschiedenste Gremien und Arbeitsorgane gegründet, Konferenzen einberufen und Marathonsitzungen durchgestanden. Bis heute sind die Aktivitäten umfangreich und unübersichtlich geworden, zumal es an feierlichen Gelöbnissen, den Planeten zu retten, nie gefehlt hat. Die notwendige Schlagkraft – die Verrechtlichung und Operationalisierung – aber steht bis heute aus. Bild 1 zeigt im Überblick, wie sich

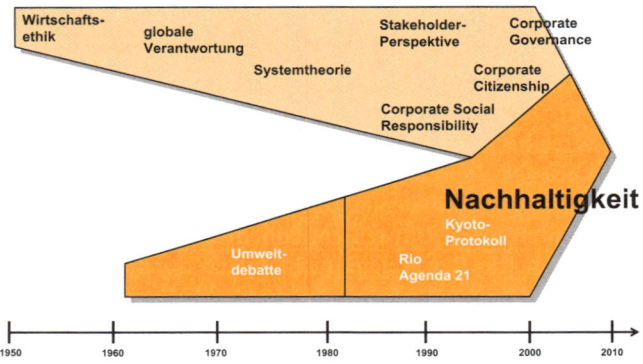

Bild 1: *Herausbildung des Nachhaltigkeitsleitbildes*

das Nachhaltigkeitsleitbild über die Zeit hinweg herausgebildet hat.

Unser ökologischer Fußabdruck

Was wäre, wenn jeder Erdenbürger so viel Auto fahren, Fleisch essen oder Plastik, Gifte und Müll produzieren würde wie wir? Dann bräuchten wir dem Lebensstandard der Deutschen zufolge 2,5 Planeten, im Falle der US-Amerikaner sogar 5,5. Das jedenfalls besagt der ökologische Fußabdruck. Als Koeffizient mathematisch berechnet ist er zugleich als Metapher zu verstehen: Je größer der Fußabdruck, desto höher der Ressourcenverbrauch. Durch ihn lassen sich die Umweltauswirkungen unserer Mobilität und Ernährung, unseres Wohnens und Energieverbrauchs errechnen. Er ist ein Maß dafür, wie viel Fläche benötigt wird, um die natürlichen Ressourcen zur Verfügung zu stellen, die jeder Mensch verbraucht. Kurz, er veranschaulicht, wie nachhaltig oder zukunftsfähig unser Lebensstil ist, oder auch nicht.

Der Fußabdruck, auch ecological footprint genannt, wird anhand von Komponenten berechnet wie Getreideproduktion und -verbrauch, Weidevieh und Fleischverbrauch, Verbrauch an Bauholz, Fang und Verbrauch von Fisch, Bedarf an Infrastruktur sowie Aufnahme von CO_2-Emissionen. Die Mobilität mit dem Auto, dem Bus, der Bahn oder dem Flugzeug ist für mehr als ein Fünftel des ökologischen Fußabdrucks verantwortlich, mit dem abnorm gestiegenen privaten Autoverkehr und Flugzeugreisen als zerstörerische Treiber. Der Konsum von Gütern und Dienstleistungen macht mehr als ein Sechstel, der Papierverbrauch (ca. 250 Kilo pro Kopf im Jahr) rund ein Drittel aus. (Global Footprint Network 2011)

2.3 Begriffsüberblick

Laut dem 1809 herausgegebenen *Wörterbuch der deutschen Sprache* definiert „Nachhalt" das, „woran man sich hält, wenn alles andere nicht mehr hält". Damit bezeichnet nachhaltig, was standhält, was tragfähig ist, was auf Dauer angelegt ist, was widerstandsfähig ist. Es bringt das in langen Zeiträumen intuitive Vorsorgedenken, das Denken in Jahrtausenden zum Ausdruck. Als Gegenbegriff zu „Kollaps", dem plötzlichen Zusammenbrechen eines Systems, bezieht es sich auf das menschliche Grundbedürfnis nach Sicherheit. Es gleicht dem in einer Zukunftsvision gebündelten Überlebenswissen.

Im Deutschen hat Nachhaltigkeit eine doppelte Bedeutung. Allgemeinsprachlich drückt es etwas aus, das nachdrücklich, intensiv, dauerhaft ist. Politisch verweist es auf ein ökologisch verantwortliches und sozial gerechtes Verhalten. Im Englischen heißt Nachhaltigkeit „sustainability". „Sustain" meint so viel wie „im Dasein halten", „bewirken, dass etwas in einem bestimmten Zustand fortdauert", „auf dem angemessenen Stand halten". Die Endung „able" verweist dabei auf ein Können und eine Befähigung. „Sustainable" steht für „aufrechterhalten", „auf Dauer bewahrbar", „tragfähig". Im Lateinischen verweisen die Verben „sustinere" und „sustenare" auf die Grundwörter „sub" (unter) und „tenere" (halten, tragen), die so viel bedeuten wie aushalten, aufrechterhalten, tragen, stützen, bewahren, etwas zurückhalten.

Auch in dem Begriff Ökonomie schwingt das Erbe der Natur mit, steckt doch im lateinischen „oeconomia" das griechische „oikos", Haus, Haushalt. Damit ist so viel gemeint wie die Einheit und Ganzheit der Natur, die Mannigfaltigkeit der Arten, die Kreisläufe von Werden und Vergehen, die Symbiosen, Nahrungsketten, Energieströme, ihre Fähigkeit zur Regeneration, kurz das Eigenleben der Natur in seiner Hülle und Fülle. Mineralreich, Pflanzenreich, Tierreich bilden ein vernetztes Ganzes. Sie sind ein sich selbst regulierender und erhaltender Organismus. Bereits dem Philosophen Descartes war klar: Die Haushaltung der Natur ist die alleinige Basis unserer Ökonomie. Daher rührt auch die häufig geforderte Vorrangstellung der Ökologie über die Ökonomie.

Nachhaltigkeit ist damit „mehr als ein Konzept der Umweltpolitik, mehr als eine Strategie der Entwicklungspolitik oder einer technologischen Innovation". Vielmehr handelt sie „von der Gestaltung einer neuen Balance zwischen Mensch und Natur, zwischen den Kulturen der Welt und in den zwischenmenschlichen Beziehungen – von einem neuen zivilisatorischen Entwurf" (Grober 2010).

Nachhaltigkeit, könnte man auch sagen, ist die Eleganz der Einfachheit. Aus einem Minimum an Quantität ein Maximum an Qualität erzeugen. Lebensqualität statt Lebensstandard. Es geht um die Vision und Idee eines dauerhaft bewohnbaren Planeten.

Dabei ist Nachhaltigkeit einer von diversen Begriffen, die sich im Laufe der Umweltschutzdiskussion über die letzten drei Jahrzehnte durchgesetzt haben. Tabelle 2 zeigt einen Überblick über die wichtigsten Begriffe.

Nachhaltigkeit ist ein grundlegendes, allgemeines Leitbild und Prinzip, das für alle gilt. CSR hingegen bezieht sich gezielt auf Unternehmen. Dem Gros der Begriffe ist dabei gemeinsam: Verantwortung ist der Dreh- und Angelpunkt. Was aber ist damit konkret in Unternehmen gemeint? Ihre gesellschaftliche Verantwortung umfasst unter anderem diese Aspekte:

▶ Achtung der Menschenrechte,
▶ Achtung der Rechtsstaatlichkeit,
▶ Achtung internationaler Verhaltensstandards,
▶ Achtung der Interessen von Anspruchsgruppen,
▶ Rechenschaftspflicht und Transparenz.

Nachhaltigkeit betrifft alle Betrachtungsebenen, kann also lokal, regional, national oder global verwirklicht werden. Während aus ökologischer Perspektive zunehmend ein globaler Ansatz verfolgt wird, steht hinsichtlich der wirtschaftlichen und sozialen Nachhaltigkeit oft der nationale und auch regionale Blickwinkel im Vordergrund. Gegenwärtig wird für immer mehr Bereiche eine nachhaltige Entwicklung postuliert, sei es für den individuellen Lebensstil oder für ganze Sektoren wie Mobilität oder Energieversorgung.

Die Gemeinsamkeit aller Nachhaltigkeitsdefinitionen ist der Erhalt eines Systems bzw. bestimmter Charakteristika eines Systems, sei es die Produktionskapazität des sozialen Systems oder des lebenserhaltenden ökologischen Systems. Es soll also immer etwas bewahrt werden zum Wohl der zukünftigen Generationen.

Corporate Social Responsibility (CSR)

Unternehmerische Gesellschaftsverantwortung; der freiwillige Beitrag von Firmen zu einer nachhaltigen Entwicklung, die über die gesetzlichen Forderungen (Compliance) hinausgeht.

Corporate Citizenship (CC)

Das bürgerschaftliche Engagement in und von Unternehmen, die ihr Verhalten und ihre Strategie mittel- und langfristig verantwortungsbewusst ausrichten; die sich über die eigentliche Geschäftstätigkeit hinaus wie „gute Bürger" aktiv für die lokale Zivilgesellschaft einsetzen wie z. B. für ökologische oder kulturelle Belange.

Corporate Governance (CG)

Die Gesamtheit aller internationalen und nationalen für Unternehmen geltenden Regeln, Vorschriften, Werte und Grundsätze; der Ordnungsrahmen für die Führung, Leitung und Überwachung von Unternehmen z. B. mittels Gesetzen, Richtlinien, Kodizes, Absichtserklärungen oder Unternehmensleitbildern.

Corporate Responsibility (CR)

Unternehmensverantwortung; im weiteren Sinn der Grad des Verantwortungsbewusstseins eines Unternehmens, wo immer seine Geschäftstätigkeit Auswirkungen auf Mitarbeiter, Gesellschaft, Umwelt und wirtschaftliches Umfeld hat; im engeren Sinn eine Unternehmensphilosophie, für die Transparenz, ethisches Verhalten und Respekt vor den Stakeholdern ausschlaggebend bei unternehmerischen Entscheidungen ist. (Der Begriff CR umfasst CSR, CC und CG.)

Nachhaltigkeit

Beschreibt die Nutzung eines regenerierbaren Systems auf eine Weise, dass dieses in seinen wesentlichen Eigenschaften erhalten bleibt und sein Bestand auf natürliche Weise regeneriert werden kann.

People, Profit, Planet (PPP)
Verweist auf die drei zentralen Aspekte allen organisatorischen Handelns und Entscheidens, nämlich People (Menschen), Profit (Gewinn) und Planet (Erde).
Triple-Bottom-Line (TBL)
Verweist darauf, dass unter dem Strich für den Unternehmenserfolg ein erweitertes Spektrum an Werten und Kriterien einbezogen wird. Verweist auf ein erweitertes Spektrum an Werten und Kriterien nebst „konventionellen" Bewertungskriterien zur Bemessung von unternehmerischem und gesellschaftlichem Erfolg. Dieser muss sich „unter dem Strich" an ökonomischer, ökologischer und sozialer Verträglichkeit messen lassen. (Alternativer Begriff zu PPP.)

Tabelle 2: *Die wichtigsten Nachhaltigkeitsbegriffe*

2.4   Gesetze und Freiwilligkeit

Der Zusammenhang von Nachhaltigkeit und Recht zeichnet sich einerseits durch verbindliche Vorgaben, Gesetze und Bestimmungen, andererseits durch ein breites Spektrum an Möglichkeiten freiwilligen Engagements sowie einer Grauzone dazwischen aus. Insgesamt geht es um die Grundsatzentscheidung und Gratwanderung zwischen Pflicht – der sogenannten Compliance – und Kür (Bild 2). Diesem Umstand und der Tatsache, dass das relativ junge Rechts- und Forschungsthema Nachhaltigkeit noch nicht abschließend reglementiert und erforscht ist, ist geschuldet, dass die Gesetzeslage bisweilen als verwirrend empfunden wird. So umfasst das Normendickicht Kontrollmechanismen und -systeme wie ISO-Standards, Verhaltenskodizes, Leitlinien, Siegel, Labels und Zertifikate, Audits und Reportingpflichten.

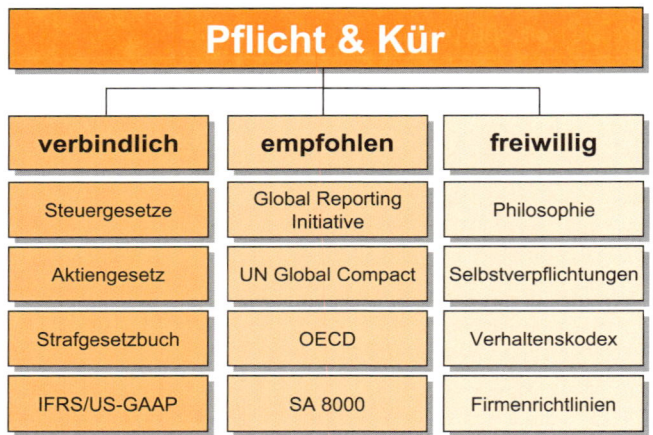

Bild 2: *Gesetze, Empfehlungen, Freiwilligkeit*

Die folgenden Ausführungen zeigen, inwiefern sowohl die EU vertraglich als auch europäische Länder rechtlich bereits Bezug auf das Thema nehmen, welche Quellen Kriterien zur Orientierung geben, welche Vorgaben, Empfehlungen und freiwilligen Engagementmöglichkeiten bestehen sowie welche weiteren Entwicklungen zu erwarten sind.

Bestimmungen des EU-Vertrages – Beispiele

▶ Artikel 2 – Aufgabe der Gemeinschaft: ein beständiges, nicht inflationäres und umweltverträgliches Wachstum zu fördern, Lebenshaltung und Lebensqualität zu heben.
▶ Artikel 130 – Prinzipien der Umweltpolitik der Gemeinschaft: Vorsorge-, Ursprungs-, Verursacherprinzip.

Entwicklungen in Europa

Nachhaltigkeit wird in der europaweiten Gesetzgebung zunehmend verrechtlicht, wie folgende Beispiele zeigen:

▸ In Frankreich ist soziale Unternehmensverantwortung bereits Teil des Geschäftsberichts.

▸ In England bestehen Berichtspflichten zu bestimmten Umwelt- und Gesellschaftsthemen und diesbezüglichen Firmen-Policies.

▸ In Schweden müssen Staatsunternehmen seit 2009 über ihre Nachhaltigkeitsaktivitäten berichten.

▸ Deutschland: a) Das Bilanzmodernisierungsgesetz weitet den Risikomanagementbegriff auf den operativen Bereich aus. b) Große Kapitalgesellschaften sind nach § 289 III HGB verpflichtet, über nicht finanzielle Leistungsindikatoren zu berichten. c) Erneuerbare-Energien-Gesetz (EEG): Anlagebetreiber erhalten 20 Jahre lang eine festgelegte Vergütung für ihren erzeugten Strom, Netzbetreiber werden zu dessen vorrangiger Abnahme verpflichtet (§ 21, § 8 Abs. 1).

An welchen Handbüchern, Leitfäden und Empfehlungen können Sie sich bei der Auswahl und Umsetzung von Nachhaltigkeitsmaßnahmen orientieren?

Quellen für branchenübergreifende Kriterien sind z. B.:

▸ Global Reporting Initiative (GRI),

▸ ISO 140001, 16001, 26000,

▸ EMAS (Eco-Management and Audit Scheme, auch bekannt als EU-Öko-Audit oder Öko-Audit),

▸ Empfehlungen des Umweltministeriums und der Bundesregierung,

▸ IHK, HK, Verbände, Institutionen.

Nachhaltigkeitsrelevante Rechtsgebiete zielen teils stärker auf das Anliegen Umwelt- oder Gesundheitsschutz ab. Sie umfassen z. B. Arbeitsrecht, Gleichstellungsrecht, Sozialversicherungsrecht, allgemeines Umweltrecht, Abfallwirtschaft, Chemikalien und Gefahrstoffe, Energiewirtschaft, Gewässerschutz, Immissionsschutz, Natur- und Bodenschutz, Strahlenschutz und Verbraucherschutz.

Für genauere Hinweise zur aktuellen Rechtslage gerade bezüglich der für Ihr Unternehmen relevanten Gesetze und Auflagen schauen Sie in den genannten Quellen nach. Konsultieren Sie ergänzend folgende nützliche Webseiten:

- www.umweltbundesamt.de
- www.umwelt-online.de
- www.bmu.de, www.bmas.de, www.bmfsfj.de

Um aktuelle Informationen zu erhalten, empfiehlt sich ein Newsletter-Abo. Mit dem Querschnittsthema Nachhaltigkeit befassen sich viele Rechtsgebiete, sodass Sie dort am besten die für Ihr Unternehmen relevanten auswählen.

Festzuhalten ist, dass die Entwicklung sehr wahrscheinlich hin zu einer schärferen Umwelt- und Sozialgesetzgebung geht und dies auf nationaler wie globaler Ebene. So sollen beispielsweise frühzeitig bei der Gesetzgebung Nachhaltigkeitskriterien berücksichtigt werden.

Bundesregierung: Gesetze künftig auf Nachhaltigkeit geprüft

Wenn ein Ministerium künftig ein neues Gesetz plant, soll möglichst frühzeitig gefragt werden: Trägt es dazu bei, das Ziel einer nachhaltigen Entwicklung zu erreichen, oder gerät es mit diesem Ziel in Konflikt? Gesetze werden damit auf ihre Wirkungen unter ökonomischer, ökologischer und sozialer Sicht geprüft. Auf diese Weise wird deutlich, welche Vor- und Nachteile ein Gesetz für künftige Generationen hat. So lassen sich besser politische Entscheidungen für die Zukunft treffen. Die Novelle der Gemeinsamen Geschäftsordnung der Bundesministerien (GGO) hat sie im Fortschrittsbericht 2008 angekündigt.

Dieser sich über die letzten zehn Jahre herausbildende Trend wird sich in wachsender Bedeutung für Unternehmen fortsetzen. Zukunftsorientierten Unternehmen ist daher proaktives, über reine Bringschuld hinausgehendes Engagement empfohlen, so wie es beispielsweise bei der Telekom der Fall ist, die eine Frauenquote einführte. Das Beispiel zeigt, wie sich bislang unverbindliche Regelungen in verbindliche Vorschriften verkehren könnten. Deshalb sind Unternehmen, die präventiv Maßnahmen ergreifen, entweder einer Gesetzesverschärfung voraus oder aber sie können Vorteile erzielen durch Differenzierung, Sichtbarkeit und mehr Stakeholder-Vertrauen.

Frauenquote Telekom

Die Deutsche Telekom führt als erstes DAX-30-Unternehmen eine Frauenquote ein: 30 % der oberen und mittleren Führungspositionen sollen bis 2015 von Frauen besetzt sein.

3 Nachhaltigkeit managen: Grundlegendes

*Verzicht auf heute möglichen, aber ethisch
zweifelhaften Gewinn wird somit zur langfristig
ausgerichteten Investition für Marktanteile, Umsatz und
Gewinn. Sie werden zum Instrument der
Zukunftssicherung des Unternehmens.*
(Klaus Leisinger)

3.1 Voraussetzungen für Nachhaltigkeit

Nachhaltigkeit braucht Sach- und Methodenwissen. Nur
dann lässt sich Nachhaltigkeit bedarfsbezogen, professionell
und wirkungsvoll umsetzen. Durch Sachwissen werden Sie
inhaltlich sattelfester. Durch Methodenwissen lernen Sie, Inhalte anzuwenden.

Die zentralen Aufgaben einer Person mit Gestaltungs- und
Entscheidungskompetenzen in einem Unternehmen umfassen laut Mintzberg (1973) im Wesentlichen: a) planen, b) organisieren, c) delegieren, d) koordinieren, e) kontrollieren.
Diese Kompetenzen treffen um einige weitere ergänzt auch
auf Sie als Nachhaltigkeitspraktiker zu.

**Schlüsselfähigkeiten für
Nachhaltigkeitspraktiker**

- Fachkompetenz, Sachwissen,
- Methodenbeherrschung,
- Konzeptionsgeschick,
- Kommunikationsfähigkeit, interpersonale Kompetenz,
- Bewusstsein für Verantwortung, Moral und Ethik,
- ganzheitliches, vernetztes Denken,

• Integrationsfähigkeit, Weitsicht (räumlich, zeitlich),
• Ursache-Wirkungs- und Reflexionsvermögen.

Ein Nachhaltigkeitsverantwortlicher vereint im Unternehmen mehrere Rollen, Funktionen und Perspektiven auf sich. Er fungiert als

• **Vermittler:** Galionsfigur, Vorgesetzter, Vernetzer,
• **Informant:** Radarschirm, Sender, Sprecher sowie
• **Entscheider:** Innovator, Problemlöser, Ressourcenzuteiler, Verhandlungsführer.

Dieser Balanceakt erfordert Fingerspitzengefühl, das aber auch große Gestaltungsspielräume eröffnet.

Eine besondere Herausforderung bildet der Umgang mit den Widerständen der Betroffenen. Veränderungen werden persönlich und beruflich oft als bedrohlich und riskant empfunden: Lediglich 5 %, die sogenannten Promotoren, unterstützen Veränderungsprozesse, die Hauptgruppen bilden die Skeptiker und Bremser mit jeweils 40 %, 15 % sind offen für Veränderungen (Mohr 1998). Diese Zahlen lassen sich auch auf den Umgang mit Nachhaltigkeit übertragen. Nachhaltigkeit ist zwar seit mehr als 40 Jahren ein Thema, konnte sich aber bislang nicht flächendeckend durchsetzen. Nachfolgend einige Gründe hierfür:

▶ Befürchtung der Unvereinbarkeit wirtschaftlicher und ökologischer Ziele und Interessen.
▶ Angst, deshalb Trade-offs in Kauf nehmen zu müssen, die zulasten des Profits gehen.
▶ Mangelnde Operationalisierbarkeit aufgrund der Komplexität (Wechselwirkungen, Integrativität etc.).

▶ Mangelndes Wissen, Know-how, Fachkenntnisse, Personal zur Umsetzung.
▶ Zu schwacher Rückhalt in Politik und Gesellschaft.
▶ „Gutmenschen-", „Heile-Welt-" und „Pseudo-Weltuntergangsthema", Verklärung.
▶ Keiner will den ersten Schritt machen; Trittbrettfahrermentalität.
▶ Altes Denken, Sicherheitsdenken, Routine, Gewohnheit, Angst vor Neuem, Wandel und Unwägbarkeiten.

Wie mit solchen Veränderungen umgegangen werden kann, zeigt der Pocket Power-Band *Change Management*.

3.2 Nachhaltigkeitsprinzipien

Der Schlüssel zum Verständnis von Nachhaltigkeit sind die Prinzipien hinter dem normativen Leitbild. Sie gilt es, im Kern zu durchdringen und zu reflektieren.

▶ **Prinzip der intragenerationellen Gerechtigkeit** (zwischen unterschiedlichen Generationen, d.h. hinsichtlich Alter, Geschlecht, Rasse, Religion, Herkunft, sozialen Status, politischer Gesinnung etc.).
▶ **Prinzip der intergenerationellen Gerechtigkeit** (zwischen Jung, Alt, Großeltern, Eltern, Kindern, Enkeln sowie künftigen, ungeborenen Generationen).
▶ **Prinzip der Ganzheitlichkeit und Integration:** Keine der drei Dimensionen hat Vorrang, sondern alle gilt es gleichermaßen zu berücksichtigen, in seine Entscheidungen einzubeziehen; Vernetzung, Zusammenhang und Interdependenz ökonomischer, ökologischer und sozialer Aspekte, integrative Querschnittsorientierung.
▶ **Prinzip der präventiven Langfristorientierung:** Das heißt,

es geht um Prävention und Vorbeugung statt Reaktion und Krisenbehebung; langfristige und dauerhafte Entwicklung statt kurzfristiger und temporärer.

▶ **Prinzip der „Glokalität":** Think global, act local; Verknüpfung von globaler und lokaler Ebene.

▶ **Prinzip der Partizipation:** Stakeholder-Beteiligung und Einbezug aller Betroffenen und Verantwortlichen, aller Opfer und Täter.

▶ Charakter eines normativen **Leitbildes**, eines ethisch-moralisch handlungsleitenden Prinzips und einer regulativen Idee.

Es geht beim Leitbild, Konzept und Prinzip der Nachhaltigkeit um eine neue Art der Problemsicht und eine ganzheitliche Problem- und Lösungswahrnehmung: Die zunehmenden globalen ökonomischen, ökologischen und sozialen Krisen, Missstände und Probleme werden als systematisch miteinander verknüpfte Krisenphänomene, als Teil einer einzige Krise der Moderne wahrgenommen.

3.3 Nachhaltigkeitsthemen und -ziele

Nachhaltigkeitsmanagement umfasst die drei Dimensionen:

▶ **Ökologische Nachhaltigkeit:** Sie orientiert sich am stärksten am ursprünglichen Gedanken, keinen Raubbau an der Natur zu betreiben. Ökologisch nachhaltig wäre eine Lebensweise, die die natürlichen Lebensgrundlagen nur in dem Maße beansprucht, wie diese sich regenerieren.

▶ **Ökonomische Nachhaltigkeit:** Eine Gesellschaft oder eine Organisation sollte wirtschaftlich nicht über ihre Verhält-

nisse leben, da dies zwangsläufig zu Einbußen der nach-
kommenden Generationen führen würde. Allgemein gilt
eine Wirtschaftsweise dann als nachhaltig, wenn sie dauerhaft betrieben werden kann.

▶ **Soziale Nachhaltigkeit:** Ein Staat, eine Gesellschaft, eine
Organisation sollte so organisiert sein, dass sich die sozialen Spannungen in Grenzen halten und Konflikte nicht
eskalieren, sondern auf friedlichem und zivilem Wege aus-
getragen werden können.

Entsprechend diesen drei Dimensionen berührt Nachhaltigkeit eine große Spannbreite an Themen. Während z. B. das
Thema Corporate Governance, also gute Unternehmensführung, ein ökonomisch und stärker strategisches Thema ist, ist
das Thema Tropenholz ein recht spezifisches umweltbezogenes Thema und Arbeitsplatzsicherheit wiederum eines, das
im Sozialen angesiedelt ist.

Für Unternehmen gilt es, aus allen Dimensionen jene mit
der für sie größten Hebelwirkung auszuwählen. Dabei ergänzen und verstärken sich die ausgewählten Themen idealerweise wechselseitig und erzielen so eine integrative bzw.
Triple-win-Nutzenwirkung. Tabelle 3 nennt die für Unternehmen „klassischen" Nachhaltigkeitsthemen.

Mehreren Studien und Unternehmensbefragungen wie
z. B. „Nachhaltigkeitsmanagement in Unternehmen" vom
Bundesministerium für Umwelt, Naturschutz und Reaktorsicherheit (BMU 2002 und 2007) zufolge sind häufig gewählte Themen Emissionen und Klimaschutz, Energiever-
wendung und -effizienz, Materialverbrauch und Recycling,
Aus- und Weiterbildung, Arbeitgeberattraktivität und Mitarbeiterzufriedenheit. Das heißt, es sind hauptsächlich etab-
lierte, konventionelle Themen in engem Zusammenhang mit

Nachhaltigkeitsthemen		
Ökonomie	**Ökologie**	**Soziales**
• Corporate Governance Performance • Risikomanagement • Shareholder-Value • Aktienwert • Markenwert • Reputation • Bestechung und Korruption • Verhaltenskodex • Mitarbeitergewinnung • Vergütungssysteme • Transparenz • Parteispenden • Unternehmensstiftung • Eigenkapitalquote • Rücklagenquote • Investitionen • ROI	• Umweltmanagement • Umweltperformance • Biodiversität • Beiträge zum Klimaschutz • Kernenergie • Massentierhaltung, Tierversuche • Gentechnologie • Umweltskandale • Tropenholz • Ökobilanz • Lebenszyklusanalyse • Eco-Reporting • Recycling • Abwassermanagement • Supply Chain Management	• Stakeholder-Management und Reporting • Sicherheit und Gesundheit • Beziehungen zu Lieferanten und Kunden • Diversity Management • Weiterbildung und Personalentwicklung • Arbeitsplatzsicherheit • Mitarbeiterbeteiligung und Gewerkschaften • Kommunales Engagement • Arbeits- und Sozialstandards

Tabelle 3: *Nachhaltigkeitsthemen für Unternehmen*

Effizienz, die einen unmittelbaren ökonomischen Nutzen erwarten lassen z. B. durch Einsparung von Ressourcen.

Themen wie Biodiversität, Datenschutz, Verbraucheraufklärung sowie Zwangs- und Pflichtarbeit sind dagegen unterrepräsentiert. Dabei können gerade die bislang weniger aufgegriffenen Themen interessante Inhalte und Anknüpfungspunkte mit der Chance auf Differenzierung bieten.

Eng verzahnt mit den Themen sind die Ziele, die entweder aus den Themen abgeleitet werden oder aber der Themensetzung vorangehen. Allen Zielen sind dabei die folgenden Eigenschaften gemeinsam:

- ▶ Erhöhung der Öko- und Sozio-Effektivität (d.h. mehr Umwelt- und Sozialverträglichkeit),
- ▶ Steigerung der Öko- und Sozio-Effizienz (d.h. besseres Verhältnis von Wertschöpfung/-zerstörung),
- ▶ langfristige Sicherung von Ressourcenzugang (materiell und immateriell) und -qualität,
- ▶ Stärkung der Legitimität (license to operate),
- ▶ Verbesserung der langfristigen Wettbewerbsfähigkeit, Glaubwürdigkeit und Reputation,
- ▶ Steigerung der Arbeitgeberattraktivität (employer branding).

Zentral dabei ist die Unterscheidung von Effektivität und Effizienz. Ein Beispiel: Sie möchten möglichst schnell von A nach B gelangen. Mit einem Sportwagen sind Sie schneller als mit einem konventionellen Auto, daher ist der Sportwagen effektiver. Das konventionelle Auto ist dagegen zwar langsamer, hat aber einen geringeren Energieverbrauch. Wenn Sie also mit dem konventionellen Auto rechtzeitig, wenn auch langsamer, Ihren Zielort erreichen, ist das konventionelle Auto effizienter. Tabelle 4 zeigt den Unterschied zwischen Effizienz und Effektivität.

Effektivität	Effizienz
Maß für die Zielerreichung; Wirksamkeit und Qualität der Zielerreichung	Maß für die Wirtschaftlichkeit; Kosten-Nutzen-Relation
Effektiv arbeiten bedeutet, so zu arbeiten, dass ein Ergebnis erreicht wird, das das gesteckte Ziel mindestens erreicht, ohne darüber hinauszuschießen.	Effizient arbeiten bedeutet, ein Ziel oder Ergebnis mit einem möglichst geringen Mitteleinsatz zu erreichen oder mit einem bestimmten Mitteleinsatz einen möglichst großen Ertrag zu erreichen.

Tabelle 4: *Gegenüberstellung Effektivität und Effizienz*

3.4 Nachhaltigkeitsmodelle

Die Dimensionen Ökologie, Ökonomie und Soziales finden sich in allen Nachhaltigkeitsmodellen wieder. Bei den Nachhaltigkeitsmodellen wird grob zwischen dreien unterschieden: dem Drei-Säulen-Modell, Schnittmengen- bzw. Dreiklangmodell und dem Nachhaltigkeitsdreieck (Bild 3).

Das Drei-Säulen-Modell

Das Drei-Säulen-Modell der nachhaltigen Entwicklung vermittelt, dass ein Gebäude nur dann solide steht, wenn es auf – in diesem Fall drei – gleich starken Grundfesten ruht. Das heißt, nachhaltige Entwicklung kann nur durch das gleichzeitige und gleichberechtigte Umsetzen von umweltbezogenen, wirtschaftlichen und sozialen Zielen erreicht werden. Demgegenüber ist das Ein-Säulen-Modell als veraltetes Wirtschafts- und Gesellschaftsmodell zu begreifen, als es die Dominanz einer Säule respektive eines Bereiches propagierte.

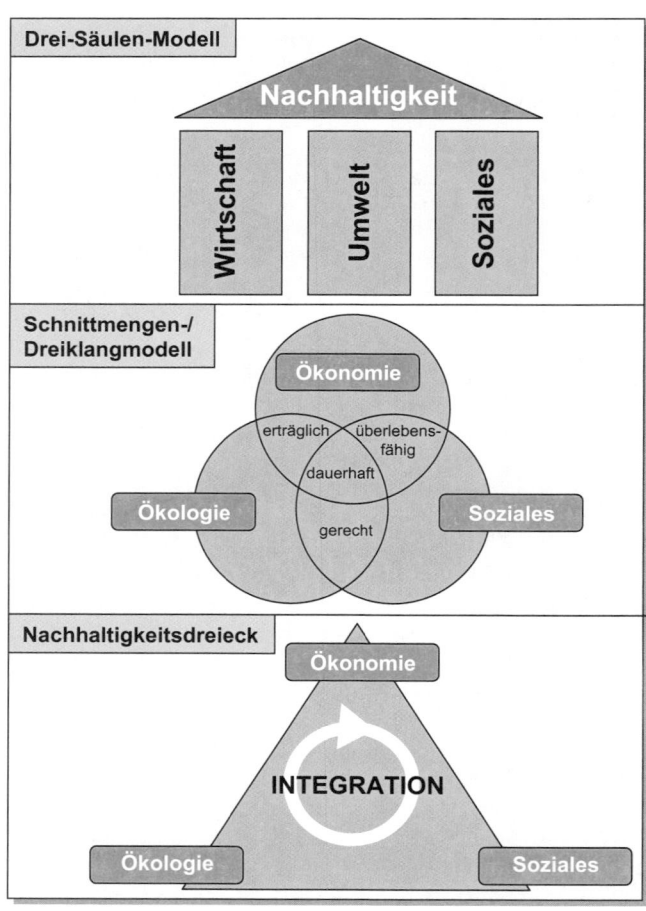

Bild 3: *Die drei klassischen Nachhaltigkeitsmodelle*

Die drei Säulen repräsentieren dagegen eine stärkere Widerstandsfähigkeit, weil mehr Gewicht auf mehrere Stützen verteilt wird und so das Gesamtsystem belastbarer wird. Kritik wurde aber auch bald bei diesem Modell laut: Durch das Nebeneinander der Säulen scheint, a) es stünden sich diese unverbunden gegenüber, b) es könne eine Säule oder gar zwei (die äußeren) wegfallen, ohne einen Einbruch zu bewirken, und c) es müsse nicht jede Säule zwangsläufig gleich dick sein, um zu stützen.

Trotz des Nebeneinanders stehen die drei Säulen in Wechselwirkung und bedürfen langfristig einer ausgewogenen Koordination. Das heißt, Akteure jedes Bereiches hatten die Bedürfnisse der anderen zu respektieren. Dadurch richtete sich der Fokus auf konsensorientierte, dialogisch-partizipative Verfahren. Von 1998 an fand das Drei-Säulen-Modell der nachhaltigen Entwicklung große Verbreitung. Die drei Säulen der nachhaltigen Entwicklung werden vielfach um eine vierte erweitert, wie den Bereich Kultur oder Bildung.

Schnittmengen-/Dreiklangmodell

Dieses Modell war der Versuch, das Nebeneinander der Säulen aufzubrechen und die drei Dimensionen in einen integrativen, ineinandergreifenden Zusammenhang zu bringen. Gleichzeitig veranschaulicht die Überlappung der Kreise, dass zwischen jeweils zwei Bereichen ein engerer Zusammenhang bestehen kann. Beispiele dafür sind umweltfreundliche Mobilität als Schnittmenge aus Ökonomie und Ökologie, Carsharing als Schnittmenge aus Ökonomie und Sozialem oder Umweltbildungsprogramme als Schnittmenge aus Sozialem und Ökologie. Dabei stellen die Begriffe bzw. Werte überlebensfähig, erträglich und gerecht jeweils den Kernwert jener Überschneidungen dar. Letztliches Ziel ist die Verbindung aller drei Kreise, auf dauerhafte Projekte, Produkte und Entwicklungen hin.

Das Nachhaltigkeitsdreieck

Die Säulen vermitteln den Eindruck nebeneinanderstehender Bereiche. Um stärker für den inneren Zusammenhang, die wechselseitige Abhängigkeit und den integrativen Charakter der drei Bereiche zu sensibilisieren, wurde das sogenannte Nachhaltigkeitsdreieck ins Leben gerufen. Ziel war die Kombination, Integration und gleichzeitige Betrachtung aller drei Bereiche bzw. Dimensionen im Sinne der Gleichung $x + y + z = 100\%$. Bei inhaltlicher Unausgewogenheit ist dies dem Bild eines Dreiecks, das an einer Seite zusammenfällt und schief ist, vergleichbar. Hier sind die Säulen als Dimensionen aufzufassen, denen Nachhaltigkeitsaspekte kontinuierlich zugeordnet werden können.

Beispielsweise betrifft die Ökoeffizienz als ökonomisch-ökologisches Konzept zwei Dimensionen gleichermaßen (50% Ökonomie + 50% Ökologie), während die Biodiversität vorwiegend als ein ökologisch dominiertes Thema (ca. 100% Ökologie) anzusehen ist. Das zentrale Feld steht für eine Position mit drei, etwa gleich großen Erklärungsbeiträgen. Im (integrierenden) Nachhaltigkeitsdreieck lassen sich alle möglichen Kombinationen darstellen. Die integrierende Darstellungsweise ermöglicht eine wesentlich differenziertere Analyse, zielgenauere Einbindung anderer Konzepte (z. B. Ökoeffizienz) und zugleich eine Zusammenstellung der Dimensionen auf einen Blick. Gegenüber früheren Ansätzen für ein magisches Nachhaltigkeitsdreieck nutzt das integrierende Nachhaltigkeitsdreieck die Innenfläche aus und betont das Zusammenwirken der drei Nachhaltigkeitsdimensionen. Es ist für viele weitere Anwendungen wie unter anderem Nachhaltigkeitsbewertung, Sammlung von Indikatoren oder inhaltliche Gliederungen geeignet.

Was bedeutet das praktisch?

▶ Angenommen, Sie konzentrieren sich nur auf die ökonomisch-ökologische Dimension, dann erwirtschaften Sie zwar Gewinne unter geringstmöglichem Ressourcenverbrauch und Umweltimpakt, übergehen dabei aber gegebenenfalls die Ansprüche von Mitarbeitern, Arbeitern in fernen Ländern, indigenen Völkern, von Zulieferern oder der Gemeinschaft, innerhalb derer sie operieren.

▶ Angenommen, Sie fokussieren auf ökonomische und soziale Ziele, dann arbeiten Sie profitabel und zum Nutzen aller beteiligten Menschen, aber blenden das Schadensausmaß auf die Natur aus.

▶ Angenommen, Sie folgen in Ihrem Unternehmen hehren Zielen wie Umweltschutz und sozialer Verantwortung, dann riskieren Sie auf Dauer, weder Löhne zahlen noch Umweltprogramme stemmen zu können.

 Sanitätshersteller Geberit – Aktienwert verfünffacht durch Ökobilanz

Ökonomie: Der Sanitätshersteller Geberit setzte 2010 rund 1,7 Milliarden Euro mit Toilettenspülungen und Abwassersystemen um. Seit 2007 entwickelt Geberit neue Produkte konsequent nach ökologischen Kriterien.

Ökologie: 1993 begann Geberit Produkt-Ökobilanzen zu erstellen, um den Ressourcen- und Energieeinsatz in seinen 15 Werken weltweit zu reduzieren. Zunächst zielten sie darauf, die Umweltbelastung um 5 % je Spülkasten oder Abflussrohr jährlich zu senken. Binnen der letzten drei Jahre sank der Materialverbrauch bei wachsenden Produktionsmengen um rund 10 000 Tonnen. Mittlerweile gestalten Designer neue Produkte von Beginn an rohstoff- und energiesparend und nutzen vorrangig wiederverwendbare, ungiftige Materialien.

Soziales: „Es geht nicht um Sozialromantik", sagt Geberit-Chef Albert Baehny. Denn in seinen Werken betreuen Physiotherapeuten und Sozialarbeiter Angestellte sowohl bei Rückenschmerzen als auch bei psychischen Belastungen wie Eheproblemen oder Schulden. Die Mitarbeiter belohnen das Engagement mit Engagement. Zudem werden die rund 1200 Lieferanten hinsichtlich Gewässervergiftung, Kinderarbeit oder mehr als 60 Wochenstunden Arbeitszeit bei deren Arbeitern kontrolliert und, falls nötig, Zuliefererverträge beendet.

Fazit: Über die letzten zehn Jahre verfünffachte sich der Aktienwert von Geberit.

4 Nachhaltigkeitsstrategie

WORUM GEHT ES?

> *Ein Unternehmen ohne Strategie ist*
> *wie ein Schiff ohne Ruder.*
> *(Joel Ross)*

Der Übergang von der Theorie zur Praxis bzw. von der Strategie zur Umsetzung lässt sich wie in Bild 4 gezeigt veranschaulichen:

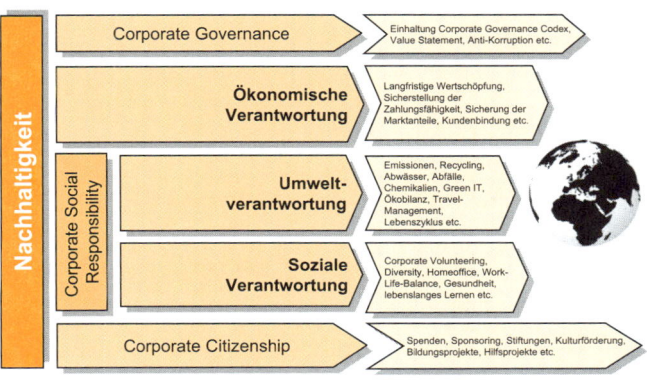

Bild 4: *Von der Strategie zur Umsetzung*

Strategie, vom altgriechischen „strategós", Feldherr, Kommandant, ist ein längerfristig ausgerichtetes planvolles Anstreben eines Ziels unter Berücksichtigung der verfügbaren Mittel und Ressourcen. Mittelfristig meint dabei einen Zeitraum von etwa ein bis drei, langfristig von fünf bis zehn Jahren. Als Roadmap, Schlachtplan und Vorgehensüberblick navigiert einen die gewählte Strategie durch die Landschaft, über die See und das vor Ihnen liegende Schachbrett. Und dies gezielt unter Berücksichtigung der Züge und Bewegungen Ihrer Mitbewerber.

Unternehmensstrategien

▶ … sind ausgerichtet auf das ganze Geschäft, nicht einzelne Funktionsbereiche.
▶ … sind ausschlaggebende Entscheidungen für die Vermögens- und Ertragslage.
▶ … sind konkurrenzbezogen und zukunftsorientiert.
▶ … reflektieren die Unternehmenskultur.
▶ … orientieren sich an verfügbaren Ressourcen und berücksichtigen Rahmenbedingungen als Chancen und Risiken.
▶ … erfordern Schwerpunkte und Maßnahmenpläne für Unterbereiche.
▶ … sind keine Endstation, sondern ein Prozess.

Nachhaltigkeitsorientierte Unternehmensstrategien ermöglichen durch ökologische und soziale Entscheidungsprozesse und -strukturen eine zukunftsorientierte Unternehmensausrichtung.

WAS BRINGT ES?

Effizienz, Suffizienz, Konsistenz – wirksamer, sparsamer oder naturnaher. An diesen drei Prinzipien können Sie sich grundlegend bei Ihrer strategischen Ausrichtung orientieren. Das heißt, für die Innovation Ihres Unternehmens stehen Ihnen verschiedene Ansätze zur Auswahl, die jeweils Nachhaltigkeit auf ihre Weise fördern (Bild 5).

Nachhaltigkeitskriterium: zeitliche und räumliche Übertragbarkeit von Lebens- und Wirtschaftsstilen			
• Durchlaufmenge an Material und Energie auf ein ökologisch und sozial tragfähiges, dauerhaftes und übertragbares Niveau senken • anthropogene Aktivitäten an ökologisch-soziale Erfordernisse anpassen			
Effizienz	**Suffizienz**		**Konsistenz**
Produktivität steigern, um dasselbe Resultat mit geringerem Ressourceneinsatz zu erzielen	Sparsame Konsumstile, „gut leben statt viel haben", „simple living, high thinking", Downsizing, Entschleunigung		Prinzipien der Natur und Abläufe der Biosphäre kopieren, Kreislaufwirtschaft, Abfälle als Wertstoffe
Drei-Liter-Auto, Hybrid	Carsharing, ÖPNV		Biokraftstoffe
Ressourcen	**Produktion**	**Konsum**	**Abfälle**

Bild 5: *Effizienz, Suffizienz, Konsistenz*

Ein Beispiel für Konsistenz ist die Reinigungsmittel-Produktlinie von Frosch. Unter Verzicht auf Chemikalien wird gemäß den Prinzipien der Natur eine Säuberung durch biologische Stoffe verfolgt.

Der grüne Frosch

Froschs Strategie war, seine Produktpalette früher als seine Wettbewerber auf biologisch abbaubare Substanzen und damit größtmögliche Umweltverträglichkeit umgestellt zu haben. Unter Voraussicht eines zunehmenden Umweltbewusstseins bei Kunden hat das Unternehmen dies durch einen grünen Frosch als Markenzeichen sichtbar gemacht.

WIE GEHE ICH VOR?

Nachhaltige Wertschöpfungskette und Kernkompetenz

Erst seine innere Stärke finden, dann nach außen gehen. „Wo aber setze ich konkret an? Wo liegt unsere spezifische Stärke? Und an welchen Stellschrauben kann ich drehen, damit sich etwas tut?", fragen Sie sich vielleicht. Die erfreuliche Antwort: „An vielen." Nachhaltigkeit als Querschnittsthema ist an jedem Glied entlang der gesamten Wertschöpfungskette zu verankern und anzuwenden, ebenso wie in den ihr zugrunde liegenden Prozessen. Es wird jede Ebene und Stufe der Wertschöpfungskette auf die Möglichkeiten und das Potenzial einer Optimierung hin durchleuchtet. Jedes Glied der Kette wird abgeklopft, ob es umwelt- und sozialverträglicher gestaltet, optimiert, reformiert oder umstrukturiert werden kann. Das Ziel ist, herauszukristallisieren, wo Ihr Unternehmen im Rahmen seiner Möglichkeiten einen Beitrag zu einer positiven Gestaltung seiner natürlichen und menschlichen Umwelt leisten kann.

> **Leitfrage:** Wie können wir unser Produkt dauerhaft noch profitabler sowie umwelt- und sozialverträglicher gestalten, produzieren, vertreiben und durch Service unterstützen als bislang?

Die Wertschöpfungskette (Bild 6) ist ein Modell, das Ihnen bei der Orientierung hilft. Es hilft, wenn es darum geht, die vielen, unterschiedlichen Ebenen und Prozesse zu strukturieren und in einen logischen, nachvollziehbaren Zusammenhang zu bringen.

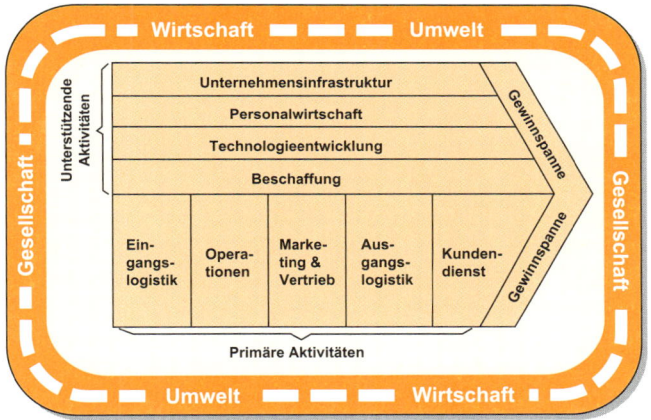

Bild 6: *Wertschöpfungskette*

Erschließen Sie die Optimierungsmöglichkeiten:

▶ **Direkte Aktivitäten:** Sie sind unmittelbar an der Wertbildung für den Kunden beteiligt. Beispiele sind Montage, maschinelle Bearbeitung, Außendienst, Werbung, Produktgestaltung, Forschung.

▶ **Indirekte Aktivitäten:** Sie gewährleisten die kontinuierliche Ausführung von direkten Aktivitäten. Beispiele sind Instandhaltung, Terminplanung, Betrieb der Anlagen, Verkaufs- und Forschungsverwaltung.

▶ **Qualitätssicherung:** Sie stellt die Qualität der direkten und indirekten Aktivitäten sicher. Beispiele sind Überwachung, Güteprüfung oder Tests.

Mehr über Maßnahmen, die Sie entlang der Wertschöpfungskette einsetzen können, erfahren Sie unter dem Fünf-Schritte-Plan.

Identifikation nachhaltiger Kernkompetenzen

Im Zentrum Münchens gibt es an jeder Ecke eine Bäckerei der Kette Hofpfisterei. Die Verkäuferinnen sind freundlich, die Papiertüten recycelt und auch beim Markenlogo schwingt bei den Gerstenreigen Tradition mit. Trotzdem kauft kein Mensch allein deshalb dort seine Brötchen. Was zählt, sind die in gleichbleibender Qualität täglich frisch hergestellten ausschließlich mit biologisch angebauten Zutaten in Originalrezeptur zubereiteten Backwaren. Die anderen Glieder der Wertkette – ein gut ausgebautes Vertriebsnetz, Qualifikation des Personals, die Kommunikation etc. – unterstützen diesen Schlüsselerfolgsfaktor, sind aber nicht Hauptauswahlkriterium der Kunden. Zentral ist die Kernkompetenz.

> **❗** Kernkompetenz ist die Qualifikation und (Be-)Fähigung eines Unternehmens in einem bestimmten Aspekt, in dem es eine Leistung zur Meisterschaft gebracht hat. Es ist Differenzierungs- und Alleinstellungsmerkmal, die spezifische, nur schwer nachzuahmende Stärke eines Unternehmens. Durch die Fokussierung auf seine Kernkompetenz kann sich ein Unternehmen von innen heraus in einem Aspekt stärken, der nicht leicht imitiert werden kann, und ihm Gewicht verleihen. Stichwort Positionierung und Differenzierung.

Beispiele für nachhaltige Unternehmen

Es gibt zahlreiche Auswahlmöglichkeiten für die Festlegung der Kernkompetenz mit Nachhaltigkeitsbezug. Tabelle 5 nennt entsprechende Unternehmensbeispiele. Der Schwerpunkt liegt bei den einen auf dem Gesamtunternehmen, der Marke oder Strategie, bei anderen auf ihren Produkten oder gestarteten Initiativen.

Leitfrage: Wo und wie können Sie an welcher Stellschraube der Wertkette ansetzen, um Ihre Kernkompetenz damit zu untermauern?

GLS Bank

„Der menschliche Umgang mit Geld ist eine unserer Kernkompetenzen", sagt Carsten Schmitz, Filialleiter der GLS Bank in München. „Als erste sozial-ökologische Universalbank der Welt geht es uns um Transparenz, Menschlichkeit und die Förderung von Projekten in diesem Sinn." 1974 gegründet finanziert sie nur Vorhaben, die sich an wirtschaftlichen, sozialen und ökologischen Kriterien ausrichten. Projekte, die mit dem Geld der Kunden ermöglicht werden, fallen in die Bereiche ökologische Landwirtschaft, nachhaltiges Bauen, Wohnprojekte, regenerative Energien, die Biobranche, freie Schulen und Kindergärten, Gesundheit, Behinderteneinrichtungen, Leben im Alter oder Kultur. „Dabei können Kunden bei der Geldanlage angeben, wohin ihr Kapital fließen soll", so Schmitz. Über alle neu vergebenen Kredite informiert die GLS in ihrem Kundenmagazin *Bankspiegel* dreimal im Jahr. Die GLS Bank steigerte ihre Bilanzsumme 2011 um 22,5 % und hat aktuell rund 116 500 Kunden, denen eine ethisch-ökologische Bank wichtiger ist als nur eine hohe Rendite.

Die Durchleuchtung der Wertschöpfungskette und Identifikation der Kernkompetenz richtet den Blick nach innen. Wenn Sie noch stärker externe Faktoren und unterschiedliche Perspektiven einbeziehen möchten, bietet sich die Balanced Scorecard an, die im Zusammenhang mit Nachhaltigkeit auch Sustainability Balanced Scorecard (SBSC) bezeichnet wird.

Nachhaltigkeitspioniere		
Unternehmen	**Alnatura**	Vermarktung biologisch hergestellter Produkte; langfristige Kundenorientierung und anhaltendes organisches Wachstum.
	ARAMARK	Großcaterer; konsequent ökologische Auswahl von Lieferanten und Vertragspartnern.
	Hofpfisterei	Großbäckerei; hervorragende Qualität zu akzeptablen Preisen, vorbildliche Vermeidung von Lebensmittelverschwendung.
Marke	**GEPA**	Gesellschaft zur Förderung der Partnerschaft mit der Dritten Welt; größter europäischer Importeur fair gehandelter Lebensmittel und Handwerksprodukte aus den südlichen Ländern der Welt.
	Viessmann	Heiztechnikunternehmen; seit 1966 im Markenkern verankert, technische Lösungen zur Energiewende.
Zukunftsstrategien	**3M**	Innovationskonzern; ehrgeizige, quantifizierbare Unternehmensziele, konkrete Nachhaltigkeitsprogramme, konsequente Umsetzung, Ziele wiederholt übertroffen.
	SAP	Softwareriese; ermöglicht seinen Kunden die Umsetzung von Nachhaltigkeitsstrategien durch Softwarelösungen, die Nachhaltigkeitsmanagement in allen Unternehmensfunktionen erleichtern.
	Siemens	Konzern; klares, vielschichtiges Bekenntnis zur Nachhaltigkeit, das konsequent umgesetzt wird, Vorreiterrolle im Bereich grüner Technologien, die global Impulse setzt.

Nachhaltigkeitspioniere		
Zukunftsstrategien (KMU)	**Herrmanns-dorfer Land-werkstätten**	Trendsetter in der nachhaltigen Herstellung von ökologischen Lebensmitteln; ausschließlicher Direktbezug von regionalen landwirtschaftlichen Betrieben und Engagement im Erhalt von Nutztierrassen.
	Müller – Die lila Logistik	Innovatives Geschäftsmodell, das Speditionsgeschäft mit Beratungsleistung verbindet, ermöglicht besonders ressourcenschonende Prozesse.
	VAUDE	Will bis 2015 umweltfreundlichster Outdoor-Ausrüster werden; maßgeblicher Förderer für die Initiierung von Zertifizierungsstandards in der Textilbranche.
Produkte/Dienstleistungen	**Followfish**	Handelsplattform; ermöglicht eine vollständige Transparenz über die Herkunft von Fischen, breite Plattform binnen kurzer Zeit etabliert.
	SCHOTT	Technologiekonzern; die umweltfreundliche Kochfläche „SCHOTT Ceran" ist nachhaltiges Highlight, weil es unter kompletter Vermeidung von toxischen Emissionen über die gesamte Lieferkette hergestellt wird.
	Vaillant	Systemtechnikunternehmen; bietet viele Lösungen für effiziente Wärmetechnik aus einer Hand, z.B. „EcoPOWER", das europaweit erste Mikro-Kraft-Wärme-Kopplungssystem für Einfamilienhäuser.
Initiative	**Adamec Recycling**	Vorbildhafte Initiative zum Recycling von Elektroschrott; ressourcenschonende Wiedergewinnung von Wertstoffen wie Edelmetallen und seltenen Erden schon in den

Nachhaltigkeitspioniere		
Initiative	**Adamec Recycling**	Ländern der Nutzung, Schutz vor Gesundheitsschäden bei/für Menschen in ärmeren Ländern, die heute die Wertstoffe trennen.
	Bayer	Forschungsinitiative „Dream Production" zur Verwendung von CO_2 als Rohstoff für die Kunststoffproduktion.
	dm-drogerie markt	Mit „Ideen Initiative Zukunft" unterstützt dm mit der Deutschen UNESCO-Kommission die Nachhaltigkeits-„Basis". dm fördert Tausende nachhaltige Projekte in Deutschland und verschafft dem Thema Nachhaltigkeit eine Breitenwirkung.

Tabelle 5: *Beispiele von Unternehmen, die ihre Kernkompetenz Richtung Nachhaltigkeit ausgerichtet haben*

4.1   Sustainability Balanced Scorecard

WORUM GEHT ES?

Balanced Scorecard (BSC) heißt so viel wie „ausgewogener Berichtsbogen" und ist ein Konzept zur Messung, Dokumentation und Steuerung der Aktivitäten eines Unternehmens hinsichtlich seiner Vision und Strategie (siehe auch Pocket Power *Balanced Scorecard anwenden*). Sie umfasst vier Perspektiven:

▶ *Finanzperspektive:* Kennzahlen zum Erreichen der finanziellen Ziele; z. B. Umsatz pro Vertriebsbeauftragten; Kosten pro Stück.

▶ *Kundenperspektive:* Kennzahlen zum Erreichen der Kundenziele; z. B. Zeit zwischen Kundenanfrage und Antwort.

▶ *Interne bzw. Prozessperspektive:* Kennzahlen zum Erreichen der internen Prozess- und Produktionsziele; z. B. schnelle Durchlaufzeiten, geringe Kapitalbindung und wenig Zwischenlager.

▶ *Mitarbeiter-, Potenzial- bzw. Lern- und Wachstumsperspektive:* Kennzahlen zum Erreichen der langfristigen Überlebensziele der Organisation; z. B. Umsatzverhältnis neuer Produkte zu alten Produkten; Mitarbeiterfluktuation.

Die Sustainability Balanced Scorecard (SBSC) ist ein wertorientiertes Konzept des strategischen Nachhaltigkeitsmanagements. Sie stellt die Erweiterung der konventionellen BSC dar, indem sie Umwelt- und Sozialaspekte – also das nicht marktliche Umfeld – integriert. Ziel ist, die strategisch zentralen ökonomischen, ökologischen und sozialen Ziele zu ermitteln, zu systematisieren und zu steuern.

WAS BRINGT ES?

Mithilfe der SBSC werden demnach das Umwelt- und Sozialmanagement eines Unternehmens auf die erfolgreiche Umsetzung der Strategie ausgerichtet und die Potenziale zwischen ökonomischen, ökologischen und sozialen Zielen ausgeschöpft. Die SBSC gewährleistet dies, indem sie

▶ die erfolgsrelevanten Umwelt- und Sozialaspekte identifiziert,

▶ die kausale Verknüpfung der Umwelt- und Sozialaspekte mit dem Unternehmenserfolg herstellt,

▶ das Management aller Umwelt- und Sozialaspekte entsprechend ihrer strategischen Relevanz ermöglicht,

▶ entsprechende Kennzahlen und Maßnahmen entwickelt und somit
▶ zu einer Integration des Umwelt- und Sozialmanagements in das konventionelle ökonomisch ausgerichtete Management führt.

Die SBSC ermöglicht, weiche, nicht monetäre Aspekte bei der Planung und Umsetzung von Unternehmensstrategien zu berücksichtigen.

WIE GEHE ICH VOR?

Die SBSC setzt an der Strategie einer Geschäftseinheit an wie z. B. bestimmten Abteilungen, Produktlinien, Produkten oder Marken. In einem top-down gerichteten Prozess wird untersucht, ob und wie Umwelt- und Sozialaspekte einen Beitrag zur erfolgreichen Umsetzung der Strategie leisten. Daran schließt sich die Formulierung geeigneter Kennzahlen, Zielgrößen und Maßnahmen an. Hierzu werden Daten aus dem betrieblichen Umweltinformationssystem, dem Personal- oder Rechnungswesen benötigt. Das Ergebnis ist eine ausformulierte Scorecard, in der vier Perspektiven die wichtigsten 20 strategischen Größen abbilden, die über Ursache-Wirkungs-Ketten auf den Unternehmenserfolg ausgerichtet sind.

Elemente der Umsetzung und Einführung sind:

▶ Ableitung von *Zielen* aus der Vision/Mission für die definierten Perspektiven (in der Regel Finanzen, Kunde, Prozesse, Mitarbeiter).
▶ *Kommunikation* von Vision/Mission und Verbindung der Ziele mit der individuellen Leistung von Bereichen, Abteilungen und Teams durch die BSC-Leistungskennzahlen.

▶ Einarbeitung der BSC-*Leistungskennzahlen* in das reguläre Controlling (Reporting, Budgetierung, Forecasting).
▶ Regelmäßige *Überarbeitung* der BSC und Überprüfung der Kennzahlen auf Relevanz für den Erfolg.

Die SBSC am Beispiel von BMW

Auf der Webseite der BMW Group heißt es: „Nachhaltiges Wirtschaften ist als Unternehmensziel auf Basis einer Balanced Scorecard auf Konzernebene verankert. Daraus leiten sich detaillierte Vorgaben für die einzelnen Ressorts der BMW Group ab. Damit lässt sich die Nachhaltigkeitsleistung des Unternehmens künftig genauer messen und steuern. Darüber hinaus sind die Führungskräfte der BMW Group über ihre persönlichen Zielvereinbarungen, die sich aus den Unternehmens- und Ressortzielen ableiten, dezidiert dem Unternehmensziel Nachhaltigkeit verpflichtet. Ein Beispiel: Zur Optimierung der Umweltleistung soll bis zum Jahr 2012 der Ressourcenverbrauch des Konzerns im Vergleich zum Jahr 2006 um 30 % gesenkt werden." (Website BMW Group)

Neben der SBSC gibt es noch einige weitere Managementsysteme, die die Umsetzung von Nachhaltigkeit unterstützen. Tabelle 6 zeigt einen entsprechenden Überblick.

Qualitätsmanagementsysteme	Sozialmanagementsysteme
▶ EMAS ▶ ISO 14 001 ▶ PDCA-Zyklus (plan, do, check, act) ▶ Sustainability EFQM ▶ Total Quality (Environmental) Management (TQM, TQEM)	▶ AccountAbility (AA) 1000 OHSAS 18 001 ▶ Safety Certificate Contractors (SCC* und SCC**) ▶ Social Accountability (SA) 8000

Tabelle 6: *Weitere Managementsysteme*

4.2 Wahl einer Nachhaltigkeitsstrategie

WORUM GEHT ES UND WAS BRINGT ES?

Sind die in der Wertschöpfungskette begründete Stärke und Kernkompetenz ermittelt, gilt es, diese in einen größeren Gesamtzusammenhang zu stellen. Ihre Ziele und Ausrichtung in einem längerfristigen orientierungsgebenden Rahmen zu verorten schafft Klarheit für Sie und alle Mitarbeiter ebenso wie für Ihre Kunden.

Unter Strategien wird häufig zwischen Kostenführerschaft und Qualitätsführerschaft unterschieden: Ein Produkt wird besonders kostengünstig oder besonders hochwertig angeboten. Hierzu bieten sich Modelle an wie z. B. die Boston Consulting Group-Matrix, die Nine-Cell-Matrix oder die Lebenszyklusanalyse. Im Folgenden werden gezielt Strategien mit Nachhaltigkeitsbezug vorgestellt.

Nachhaltigkeitsorientierte Unternehmensstrategien ermöglichen Firmen, sich durch ökologisches und soziales Engagement so auszurichten, dass diese Stärke als Wettbewerbsvorteil und als Differenzierungsmerkmal genutzt wird. Es kommt darauf an, dass sich der Gedanke der Nachhaltigkeit wie ein roter Faden durch das eigene „Housekeeping" zieht, aber auch durch Forschung und Entwicklung, Einkauf, Produktion, Produktnutzungsphase, Logistik und Recycling.

Leitfrage: Wie können wir uns durch eine Nachhaltigkeitsausrichtung von unseren Konkurrenten abheben, indem wir uns auf unsere operative Stärke und unternehmensindividuelle Kernkompetenz konzentrieren?

Bild 7 zeigt im Überblick die verschiedenen Optionen Ihrer strategischen Ausrichtung. Die Basisstrategie „Sicherheit" mit dem Ziel der Risikovermeidung bildet dabei das Fundament jeder Strategie, auf die „aufgesattelt" wird. Diese ist nach Bedarf zu ergänzen durch eine oder mehrere „Zusatzstrategien" („Glaubwürdigkeit", „Effizienz" und/oder „Innovation"). Eine Kombination ist möglich, die Reinform eher unwahrscheinlich.

Strategien können unterschiedlich angelegt sein. Sie können stärker ausgerichtet sein nach innen (intern) oder außen (extern), stärker auf die Gesellschaft abzielen oder den Markt, sie können als „Abwehrschild" dienen (defensiv) oder als „Katalysator und Turbobooster" (offensiv). Machen Sie sich mit Ihrer individuellen Unternehmenssituation (Ist) sowie Vision und Zielsetzung (Soll) bewusst: „Wo stehen wir und wo wollen wir in fünf oder zehn Jahren sein?"

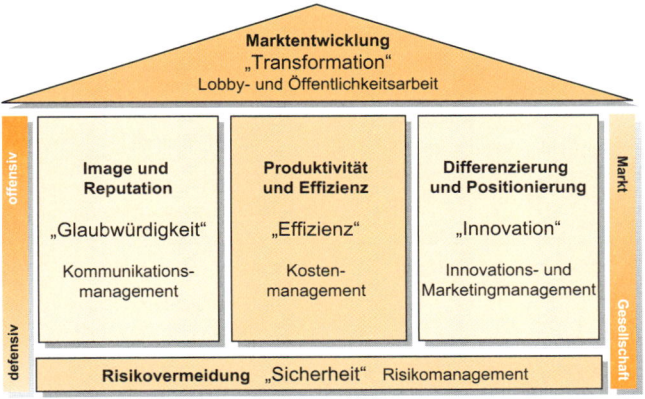

Bild 7: *Nachhaltigkeit: Basis- und Zusatzstrategien (Quelle: in Anlehnung an Gminder 2006)*

WIE GEHE ICH VOR?

Wie eine Nachhaltigkeitsstrategie auf ein Unternehmen konkret angewendet aussieht, zeigt das Beispiel von BMW. Bild 8 veranschaulicht, wie Inhalte der Strategie am Nachhaltigkeitsdreieck mit Fokus Innovation ausgerichtet werden.

Schlachtplan, Vision, Wettbewerber, Kernkompetenz. In Sachen Strategie kann man sich leicht verzetteln. Zielführend ist es, sich seines Common Sense zu bedienen. Die in Tabelle 7 dargestellten Fragen helfen Ihnen, Ihre eigene Strategie zu finden.

Fragen	Antworten
Engagement: Wie stark wollen wir „in das Thema" gehen? Wie sehr wollen wir uns als Unternehmen, Mitarbeiter und mit unseren Produkten engagieren?	*Leicht – mittel – stark.* Dementsprechend werden der Umfang und die Intensität (was Zeit, Geld, Ressourcenzuweisung angeht) ausfallen.
Umfang: Welche „Reichweite" streben wir an? Wollen wir unternehmensweit Nachhaltigkeit implementieren, nur für einige Sparten oder gar einzelne Pionierprodukte?	*Gesamtunternehmen – Bereiche/Abteilungen – Produktlinien – Produkte.* Konsequent wäre unternehmensweit – Stichwort Querschnittsthema; realistischer aber ist eine Auswahl und anfängliche Fokussierung.
Ressourcen: Wie viel Ressourcen stehen dazu (schonungslos betrachtet) zur Verfügung? Wie viel Treibstoff, Energie, Rückhalt und Power haben wir?	*Wenig – mittel – viel.* Bezogen auf Anzahl und Qualifikation der Mitarbeiter (Personal), Zeit (Wochen, Monate, Jahre), Geld (verfügbar, „umgelenkt/abgezwackt", Investoren).

Tabelle 7: *Strategie leicht gemacht*

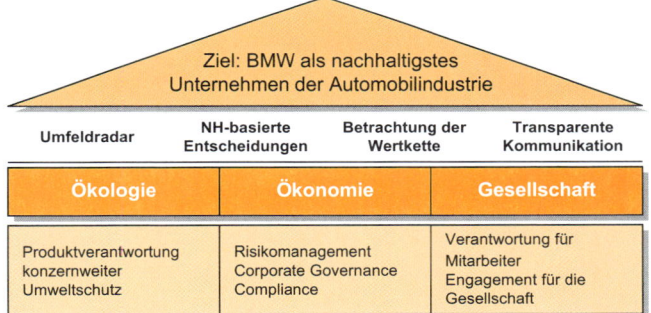

Bild 8: *Die Nachhaltigkeitsstrategie von BMW*

5   Bausteine und Sphären

*Moral, Werte, Vertrauen – das soziale Gerüst stellte
früher die Gesellschaft den Unternehmen zur
Verfügung. Kostenlos. Heute müssen Unternehmen
in diese Faktoren investieren.
(Manager Magazin)*

Nachhaltigkeit kommt in vielen Funktionen, Bereichen und Ebenen im Unternehmen zum Einsatz. Als ressourcenökonomisches Gerechtigkeitsleitbild muss es horizontal und vertikal integriert werden, um wirksam zu sein. Die Bausteine und Sphären sind die verschiedenen Bereiche, in die Sie Nachhaltigkeit integrieren.

Vorab empfiehlt sich für den Gesamtüberblick eine Landkarte zum Aufbau Ihres Unternehmens. Anhand des MCV-Organisationsmodells sehen Sie die verschiedenen Unternehmensbereiche und -ebenen (Bild 9).

Die Bausteine ruhen dabei aufeinander: von der Unternehmenskultur über Prozesse und Strukturen hin zu Produkten und Technologien bis schließlich ins Personalmanagement und Reporting. Die genannten Begriffe, Konzepte und Instrumente helfen Ihnen in der Praxis als Übersicht, in welchem Bereich Sie Verbesserungen und Änderungen vornehmen können.

5.1   Nachhaltige Unternehmenskultur

WORUM GEHT ES?

Auf trockener Erde gedeiht nichts. Unternehmenskultur ist die Grundgesamtheit gemeinsamer Werte, Normen und

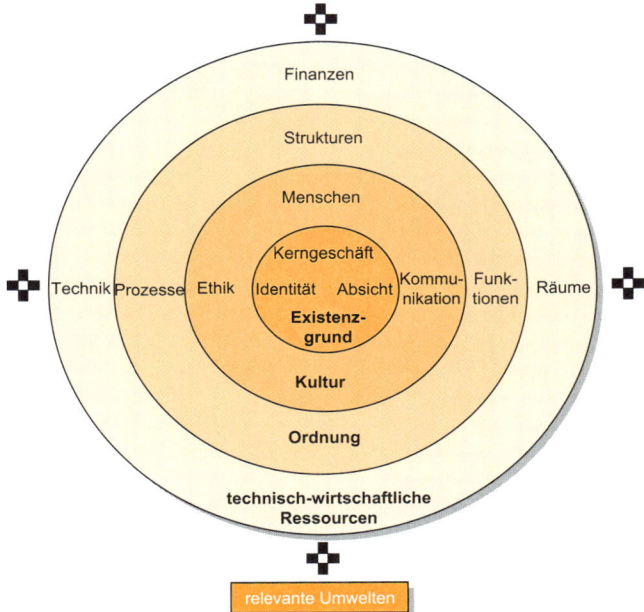

Bild 9: *MCV-Organisationsmodell (Quelle: Management Center Vorarlberg)*

Einstellungen unter Mitarbeitern. Es ist eine ganzheitliche Unternehmensbetrachtung als Kultursystem. Jedes Unternehmen und jede Organisation bildet, pflegt und entwickelt seine spezifische Kultur. Sie zeigt sich im Zusammenleben der darin eingebundenen Mitarbeiter – wie sie fühlen, denken, entscheiden und handeln – und im Auftreten nach außen, der sogenannten Unternehmensidentität (Corporate Identity). Dass der Großteil dessen, was als Unternehmenskultur bezeichnet wird, unter der Oberfläche abläuft, illustriert das sogenannte Eisbergmodell (Bild 10), wobei die Anteile, was zu den harten, sichtbaren oder weichen, unsichtbaren Faktoren gezählt wird, je nach theoretischem Ansatz etwas variieren können.

WAS BRINGT ES?

Mit der Bestellung des Bodens bereiten Sie das Terrain für alle folgenden Maßnahmen. Hier schaffen Sie die Voraussetzungen in den Köpfen der Menschen, Mitarbeiter und Beteiligten, ohne die Sie nicht vorankommen. Sie schaffen sich Rückendeckung, Motivation, Schubkraft.

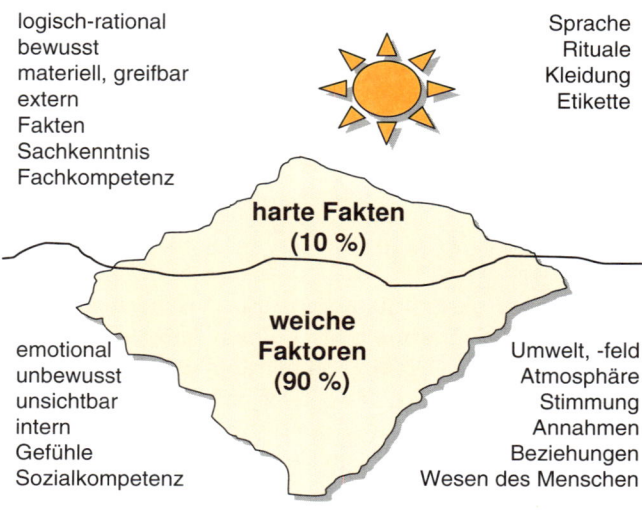

logisch-rational
bewusst
materiell, greifbar
extern
Fakten
Sachkenntnis
Fachkompetenz

Sprache
Rituale
Kleidung
Etikette

harte Fakten (10 %)

weiche Faktoren (90 %)

emotional
unbewusst
unsichtbar
intern
Gefühle
Sozialkompetenz

Umwelt, -feld
Atmosphäre
Stimmung
Annahmen
Beziehungen
Wesen des Menschen

Bild 10: *Eisbergmodell*

Eine gute Unternehmenskultur ist der beste Ausdruck für Nachhaltigkeit, nämlich menschliches, gesundes und produktives Miteinander.

WIE GEHE ICH VOR?

Fragen Sie sich: „Wie denken, fühlen, verhalten wir uns in unserem Unternehmen? Was ist uns wichtig? Wollen wir wirklich Richtung Nachhaltigkeit gehen? Und welche Voraussetzungen bringen wir dafür mit?" Kurz: Welche „soften" Rahmenbedingungen können wir verbessern? Sie gestalten aktiv Ihre Unternehmenskultur, wenn Sie drei Strömungen in Einklang bringen: Unternehmensziele, Mitarbeiterzufriedenheit und Kundenorientierung. Je mehr Harmonie, desto besser läuft es, weil alle an einem Strang ziehen. Bild 11 gibt

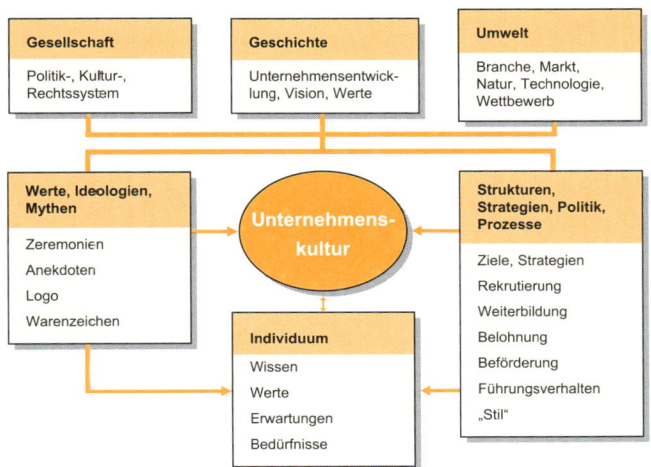

Bild 11: *Faktoren einer Unternehmenskultur*

einen Überblick, welche Faktoren bei der Unternehmenskultur eine Rolle spielen.

 Unternehmenskultur: Empfehlungen und Maßnahmen

- Das *Unternehmensleitbild* ist die Zusammenfassung der strategischen Entwicklungslinien einer Organisation in ihren unterschiedlichen Bereichen.
- Führen Sie eine *Mitarbeiterumfrage* durch z.B. mittels Fragenkatalog zum Nachhaltigkeitsverhalten des Unternehmens und von Mitarbeitern.
- Neue *Programme* wie „autofreier Tag", Fahrgemeinschaften, grüne Jobtickets etc.
- *Informationskampagne*, die die Mitarbeiter sensibilisiert, „Tipp des Tages", Infobroschüren, -pakete.
- *Kompetenzentwicklungssysteme* haben allgemein die Aufgabe, Mitarbeiterkompetenzen zu beschreiben, sie transparent zu machen sowie den Transfer, die Nutzung und Entwicklung der Kompetenzen hinsichtlich strategischer Unternehmensziele sicherzustellen.
- Ein *Anreizsystem* ist eine Menge von materiellen und immateriellen Anreizen, welche für den Mitarbeiter einen Wert besitzen und so gewünschte Verhaltensweisen hervorrufen (Incentive).
- *Mentoring:* Ein Mentor oder Ratgeber fördert mit seiner Erfahrung und seinem Wissen die Entwicklung eines Mentees oder Protegés.
- Mit *Jobrotation* bezeichnet man den systematischen Wechsel über Arbeitsplätze, Abteilungen oder Niederlassungen/Produktionsstätten hinweg.
- Jahreskonferenz oder Weihnachtsfeier unter ein grünes oder soziales Motto stellen wie z.B. Spenden.

Welche Maßnahmen Sie auch auswählen, grundlegend gilt es, folgende **Erfolgsfaktoren** zu beachten:

▶ klare Identität, Vision, Ziele und Strategie,
▶ partnerschaftliche Führung mit Kontinuität,
▶ engagierte, unabhängige Unternehmensaufsicht,
▶ Überzeugungen, Haltungen, gelebte Werte,
▶ Innovations-, Lern- und Entwicklungsbereitschaft,
▶ Empowerment der Mitarbeiter,
▶ konsequente Kundenausrichtung.

5.2 Prozesse und Strukturen

WORUM GEHT ES?

„Wer macht was wann wie und womit?" Prozessmanagement beschäftigt sich mit der Identifikation, Gestaltung, Dokumentation, Implementierung, Steuerung und Verbesserung von Geschäftsprozessen. Nachhaltiges Prozessmanagement und die entsprechenden Strukturen vermindern oder verbessern Abläufe im Unternehmen, sodass sich der ökologische und soziale/personelle Ressourcenaufwand bei gleichbleibender oder zunehmender Effizienz und Profitabilität verringert (Bild 12).

WAS BRINGT ES?

Bei der Umsetzung bestehen vor allem zwei Hebel, die bei relativ geringem Aufwand einen hohen Nutzen bringen: Positive Effekte verstärken oder negative vermindern mittels neuer oder veränderter Prozesse. Ansatzpunkte für die Verringerung von Belastungen sind dabei Nachhaltigkeit in Beschaffung und Einkauf, beim Ressourceneinsatz, im Transport- und Logistikbereich, in der Produktion (z.B. Lean Production), im Qualitätssystem (z.B. Verbesserungszirkel)

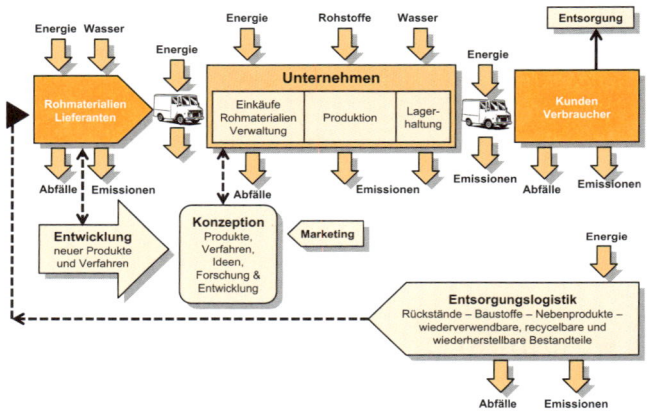

Bild 12: *Nachhaltigkeit in der Prozesskette (Quelle: Lounès 2009)*

sowie in Planung, Steuerung und Erhöhung der Messbarkeit von Nachhaltigkeit. Gesamtziel ist die Vermeidung nicht nachhaltiger Anteile bei sämtlichen Prozessen.

WIE GEHE ICH VOR?

▶ Zur Feststellung von nicht nachhaltigen Anteilen im Produktionsprozess stellen Sie folgende Fragen:

▶ Wie viele der durchgeführten Tätigkeiten sind zur Erfüllung der Produktion unbedingt notwendig?

▶ Welche nicht nachhaltigen (kosten-, umwelt- und sozial belastenden) Tätigkeiten können ersetzt werden?

▶ Wie viele Tätigkeiten dienen tatsächlich der Wertsteigerung?

▶ Wie viele Tätigkeiten haben wirklich einen Bezug zu dem, was der Kunde sieht und was für ihn wichtig ist?

▶ Wie können die einzelnen Prozessschritte nachhaltig gestaltet werden?

> Alles, was nicht der nachhaltigen Wertsteigerung dient, führt zu unnötiger Belastung.

Dargestellt werden Prozesse und Strukturen durch Ablaufdiagramme und Organisationsmodelle. Nachhaltige Gestaltungsprinzipien und Lösungen sind als Standard festzulegen und in der Organisation zu verankern. Zur besseren Steuerung werden entsprechende Kennzahlen verwendet. Diese können in einer Balanced Scorecard oder einer Sustainability Balanced Scorecard dargestellt werden.

Toyota: Null-Emissions-Auto als Unternehmensziel

Seit 2004 bewertet Toyota für jedes neue Fahrzeugmodell mit dem sogenannten Ecological Vehicle Assessment System (Eco-VAS) dessen Umweltauswirkungen von der Entwicklung über die Produktion hin zum Betrieb und der Entsorgung. Im Entwicklungsstadium werden quantitative Ziele zur höchstmöglichen Reduzierung von Umwelteffekten definiert, z.B. durch die Prüfung verwendeter Materialien, Komponenten und Fertigungsmethoden, des Kraftstoffverbrauchs und der Emissionswerte während der Fahrzeugnutzung sowie der Wiederverwertbarkeitsrate. Erfolgreichstes Resultat des neuen Prozessverfahrens ist der Toyota Prius. Bei seiner Produktion konnte in den letzten zehn Jahren ein Drittel an CO_2-Emissionen eingespart werden, z.B. durch die Verwendung von Dämmmatten aus pflanzlich hergestelltem Kunststoff. Der Hybridantrieb reduziert Kraftstoffverbrauch und die Emissionswerte während der Fahrzeugnutzung, die Wiederverwertbarkeit liegt bei 92 %. Toyotas Ziel: ein nach vielen Jahren des emissionsfreien Gebrauchs zu 100 % wiederverwertbares Auto.

 Eine gute Webseite zum Überprüfen, wo Sie aktuell mit Ihrem Unternehmen in Sachen nachhaltige Beschaffung stehen, bietet der folgende Link mit einem praktischen, einfachen Self Check: http://kmu.kompass-nachhaltigkeit.ch/self-check.html.

5.3   Produkte und Technologien

WORUM GEHT ES?

Reinigungstabs für die Spülmaschine, Amazon, Apples iPad: Sie sind das Ergebnis nachhaltiger Produktentwicklung, machen sie doch von den unter Strategie erwähnten Prinzipien Effizienz, Suffizienz und Konsistenz Gebrauch. Nachhaltig meint hier zudem einerseits das, *was* produziert wird, und andererseits, *wie* es produziert wird.

Leitfrage: Wie stellen wir nachhaltige Produkte auf nachhaltige Weise her?

Produktmanagement kann vereinfacht definiert werden als Handhabung aller mit der Betreuung eines Produkts oder einer Produktgruppe verbundenen Aufgaben des Produktmanagers von der Information über die Planung bis hin zur Kontrolle und Koordination. Der Produktmanager – respektive Brand Manager, Produktmarketingmanager, Produktbetreuer – trägt die Verantwortung für ein Produkt in allen Phasen des Produktlebenszyklus und kooperiert mit allen relevanten Abteilungen im Unternehmen. Je früher er bei der Lebenszyklusplanung ansetzt, desto nachhaltiger kann er es gestalten. Je stärker er die Möglichkeiten der verschiedenen Abteilungen dabei abfragt, desto mehr wird eine nachhaltige Produktentwicklung dort integriert.

WAS BRINGT ES?

Wenn Sie Produkte entwickeln und Technologien verwenden, die nachhaltig sind, hat dies folgende Vorteile:

▶ Sie positionieren sich durch ein innovatives z. B. stark umwelt- und sozial orientiertes Unternehmen und profitieren von First-Mover-Effekten.
▶ Sie erhalten innere Befriedigung durch Vermeidung von Verschwendung jeder Art.
▶ Sie erschließen neue Märkte, Geschäftsbereiche und Zielgruppen und binden diese stärker.

Zudem können Sie diese Aspekte positiv bei der Öffentlichkeitsarbeit integrieren:

▶ Sie haben „Stoff", den Sie kommunizieren können, die News für Pressemitteilungen.
▶ Sie kommen etwaigen Gesetzesverschärfungen Richtung Umweltschutz voraus.

WIE GEHE ICH VOR?

Erwägen Sie, welcher dieser Ansätze am besten für Ihr Produkt geeignet ist, und folgen Sie diesem Ansatz:

▶ Veränderung einzelner Produkteigenschaften eines bereits hergestellten Referenzprodukts, das Eigenschaftsprofil und die Funktionsprinzipien bleiben jedoch erhalten.

▶ Ein Vergleichsprodukt in seinem Merkmalsprofil wird auf der Produkt- und Produktionsebene verbessert. Die Verbesserungspotenziale können systematisch durch die Analyse der lebenszyklusweiten Umweltwirkungen erfolgen.

▶ Bei der Ökoinnovation sollen neue Produkte für die Anwendung neu entwickelter Technologien entworfen werden. Das gesamte Eigenschaftsprofil des Produktes kommt auf den Prüfstand.

▶ Bei der Systeminnovation wird nach einer grundsätzlich neuen Lösung für das Nutzerbedürfnis und einer neuen Geschäftslösung gesucht. Dies kann durch die Kombination von Dienstleistungen und umweltoptimierten Produkten geschehen.

Bei der Umsetzung Ihres nachhaltigen Produktdesigns können Sie sich weiterhin an den in Bild 13 dargestellten

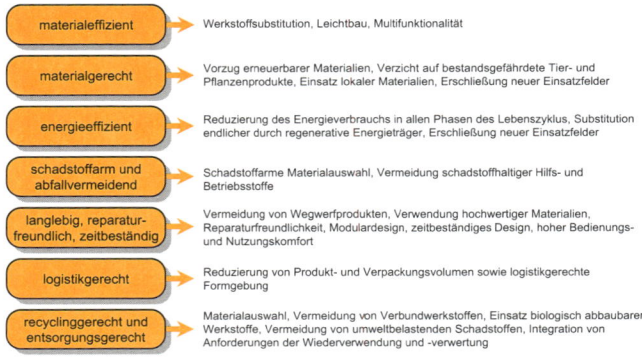

Bild 13: *Prinzipien nachhaltigen Designs*

Prinzipien orientieren. Auf ein Produktionssystem angewendet finden Sie in Tabelle 8 einige Faktoren, die bei der
Umsetzung Ihres nachhaltigen Produktdesigns eine Rolle
spielen.

Management	Gebäudestruktur	Maschinelle Ausrüstung
▶ Produktivitäts-steigerung ▶ Wandlungs-bereitschaft ▶ Kosten-Nutzen-Optimum ▶ Nachhaltigkeits-messung ▶ Transparenz ▶ Ressourcen-schonung	▶ Raumkonzepte ▶ Ressourcen-verbrauch ▶ Energiequellen ▶ Humanfaktoren ▶ Variabilität/Flexibilität ▶ Schnittstellen	▶ Ressourcen-verbrauch ▶ Emissionen ▶ Total Cost of Ownership ▶ Effizienz-steigernde Technologien ▶ Lebensdauer

Tabelle 8: *Nachhaltiges Produktionssystem*

Nachfolgende Beispiele veranschaulichen die Vielfalt der
Möglichkeiten für nachhaltige Produkte und Produktions-
weisen.

 Cradle-to-Cradle-Prinzip (C2C)
Neuartige Produkte sind am Ende ihres Lebens
kein Müll, sondern Rohstoffe für die nächsten Wa-
ren. Das ist das Prinzip von Cradle-to-Cradle. Mithilfe des
Cradle-to-Cradle-Konzepts soll die Intelligenz natürlicher
Systeme für die Entwicklung neuer Produkte genutzt wer-
den. Hierzu zählt z.B. die Effektivität des Nährstoffkreislaufs.
Ziel ist es auch, eine friedliche Koexistenz von Wirtschaft und
Natur zu ermöglichen.

Entwickelt wurde das Konzept durch Braungart und McDo-
nough. Es folgt dabei dem Grundgedanken, dass „Abfall"
gleichbedeutend mit „Nahrung" ist. Der Cradle-to-Cradle-
Gedanke will das Cradle-to-Grave-Modell ablösen, in dem
Stoffströme, die mit dem Produkt zusammenhängen, als un-
erwünschter Output in die Natur zurückgegeben werden,
ohne je wieder für eine Nutzung vorgesehen zu sein, und darüber hinaus die Umwelt mit Schadstoffen anreichern. Anstelle dessen sollen Verbrauchsgüter in einem biologischen
Nährstoffkreislauf geführt und Gebrauchsgüter in technischen Kreisläufen organisiert werden.

Das C2C-Konzept erschöpft sich nicht in dem neuen Ansatz
fürs Produktdesign. Oft erweist es sich auch als günstiger,
wenn die Waren gar nicht mehr verkauft werden, sondern
nur vermietet. Der weltgrößte Teppichbodenhersteller, die
US-Firma Shaw, verfährt so. Sie verleast die „grünen" Textilbö-
den und nimmt sie nach einer gewissen Zeit wieder zurück,
um sie komplett zu recyceln. Ähnliches kommt etwa auch für
die Elektronikindustrie infrage. Kunden würden dann Geräte
wie Fernseher, Computer, MP3-Player vom Hersteller bloß
noch leihen.

Das C2C-Prinzip bringt auch der Werbespruch „Don't throw
anything away. There is no ‚away'," zum Ausdruck. Er stammt
von dem Mineralöl- und Erdgaskonzern Shell.

Kompostierbares T-Shirt von Trigema

Statt in die Mülltonne kann es nach dem Gebrauch auf den
Komposthaufen oder in die Biotonne. Tests zeigten: Die Tex-
tilfasern werden von Pilzen und Bakterien rückstandsfrei ab-
gebaut. Nach sechs Monaten ist es praktisch weg. Das Shirt
besteht aus 100 % Ökobaumwolle, die aus den USA und Pa-
kistan importiert wird und frei von Pestiziden und Dünge-
mittelrückständen ist. Vom Schweizer Chemiekonzern Ciba
ließ Trigema spezielle synthetische Farben entwickeln, die
abbaubar sind – und „besonders farbecht" sowie „viel halt-
barer" als herkömmliche Farben. Die Shirts kosten zwischen
sechs und 15 Euro, rund 10 % mehr als die normale Kollek-

tion. „Das Konzept ist die Zukunft", so Trigema-Chef Wolf-
gang Grupp. Was die Industrie der Erde als Rohstoff ent-
nimmt, müsse sie ihr auch wieder zurückgeben. Grupp will
die grüne Linie erweitern, sieht aber aktuell noch keine
Chance, alles umzustellen. Dazu brauche es noch Entwick-
lungsarbeit. Die Ökofarben seien z.B. noch nicht so brillant,
wie das der Kunde vielfach wünsche. Eine Sorge nimmt er
skeptischen Kunden aber: Die Ökoshirts seien mindestens
genauso haltbar wie herkömmliche Ware. „Die können Sie
zehn Jahre tragen."

Biopionier Patagonia

Mit ihrem Kampf für möglichst umweltfreundliche Materialien und Fertigungstechniken spielt Patagonia eine Vorrei-
terrolle in der Textilindustrie. Anfang der 90er stellte die
Firma fest, dass die Produktion von recycelten Polyesterfa-
sern gegenüber neuen 76 % Energie einspart. Der Verzicht
auf konventionell mit Pestiziden besprühte Baumwolle
brachte die Produktion von Biobaumwolle weltweit in
Schwung. Die verwendete Schafswolle wird einer besonders
schonenden, chlorfreien Spezialwäsche unterzogen. Der pe-
netrante Geruch der Rohwolle wird statt mit Chemikalien
mit einer Eigenentwicklung aus zerstoßenen Krabbenscha-
len beseitigt. Vor zwei Jahren entwickelte Patagonia in Zu-
sammenarbeit mit der japanischen Firma Tejin ein Verfahren,
das es erlaubt, Fasern beliebig oft wiederzuverwerten. In na-
her Zukunft soll die gesamte Bekleidungslinie von Patagonia
ausschließlich aus Recycling-Material gefertigt werden. Die
ersten Versuche mit recycelter Baumwolle sind vielverspre-
chend, aber gewöhnungsbedürftig. „Die Färbung ist noch
ein Abenteuer", heißt es dort in der Führung.

Green Kitchen von Bauknecht

Energieverbrauch um 50, Energiekosten um bis zu 70 % reduzieren. Diese Einsparungen will Bauknecht Haushalten
durch das innovative Produkt- und Technologiekonzept

Green Kitchen ermöglichen. Hier die Neuerungen im Detail:

H2O Optimum Garer: Sensoren messen Gewicht und Konsistenz der Lebensmittel und errechnen selbständig Garzeit und benötigte Wassermenge. Somit wird nur die Menge an Wasser und Energie verbraucht, die wirklich benötigt wird. **Freestyle Kochfeld:** Konzentriert die Hitze und passt sie individuell der Topfgröße an, um somit Energie- und Wärmeverlust zu vermeiden. **Herbarium:** Beheizt durch die Restwärme des Backofens bietet es ganzjährig ein Klima für den Kräuteranbau in der eigenen Küche. **Klimazonen:** Bieten zusätzlichen Kühlraum zur Lagerung von Gemüse in gekühltem Klima. **Spülbecken:** Sauberes Wasser wird in einen speziellen Tank abgeleitet, gereinigt und danach wieder in den Nutzungskreislauf geführt z.B. für Geschirrspüler oder Pflanzenbewässerung. **Schubladengeschirrspüler:** Erhöhte Leistung bei gleichzeitig verringertem Energieverbrauch. Flexible Innenraumausnutzung durch zwei Bereiche, die Geschirr mit unterschiedlichem Verschmutzungsgrad spülen. Zeitersparnis. **Salad Shower:** Reinigt Obst und Gemüse bei niedrigstmöglichem Wasserverbrauch und höchstmöglichem Erhalt von Nährstoffen und Mineralien. **Sensorhaube:** Passt die Dunstabzugsstärke jedem Kochvorgang individuell an und reinigt zugleich die Küchenluft. **Pure Wasserspender:** Bietet gefiltertes Trinkwasser in der bevorzugten Temperatur – zimmerwarm oder gekühlt – mit Kohlensäure versetzt oder natürlich. Erspart lästiges Kistenschleppen.

Fazit: Alle neun Geräte sind auf drei Kriterien ausgerichtet: den Verbrauch anzupassen, ihn zu reduzieren und die genutzte Energie zu recyceln. Deren Interaktion und schlüssige Verknüpfung sowie das bewusste Verbraucherverhalten im Umgang mit den Ressourcen sind die entscheidenden Bausteine für eine dauerhafte Energieeinsparung – im Verbrauch wie bei den Kosten.

5.4 Nachhaltiges Personalmanagement

WORUM GEHT ES?

Mit einer guten Unternehmenskultur bereiten Sie den Nährboden. Durch nachhaltiges Human Resource Management gewährleisten Sie sich eine dauerhaft hohe Motivation und Leistungsbereitschaft Ihrer wichtigsten sozialen Ressource, Ihrer Mitarbeiter. Ganzheitliches Personalwesen sorgt dafür, dass Sie zu jedem Zeitpunkt über die richtig qualifizierten Leute in ausreichendem Maße verfügen und diese aufgrund positiver Hygienefaktoren und hoher Identität mit dem Unternehmen mit Freude bei der Arbeit sind.

WAS BRINGT ES?

Hilfe bei Fachkräftebedarf, War for Talents, demografischer Wandel, Wissensgesellschaft. In Zeiten, wo der Erfolg eines Unternehmens immer stärker von der Kompetenz und dem Engagement der Mitarbeiter abhängt, wird die gezielte Mitarbeitergewinnung, -bindung und -entwicklung immer wichtiger.

Die World of TUI beispielsweise hat eine Mission formuliert: „Putting a smile on people's faces". Hieraus wurde für das Mitarbeiterverhalten abgeleitet, durch Freundlichkeit und Kompetenz dem Kunden das Gefühl eines rundum gelungenen Urlaubs zu geben.

WIE GEHE ICH VOR?

Maßnahmen, qualifizierte Mitarbeiter zu finden und zu halten, umfassen z. B. Anreizmodelle zur Mitarbeiterbildung,

Entlohnung und Leistungssteigerung. Darüber hinaus spielen neuere Ansätze eine zunehmende Rolle wie z. B. Employer Branding, Sabbaticals, Homeoffice, Teleworking, Gleitzeit und Work-Life-Balance wie auch die Vereinbarkeit von Beruf und Familie. Basierend auf dem Qualifikations- und Bedarfsprofil Ihrer Mitarbeiterschaft können Sie so gezielte Angebote entwickeln, antesten und schließlich einführen. Das Cafeteria-System hat sich dabei für Unternehmen ökonomisch und Mitarbeiter persönlich als vorteilhaft erwiesen. Es handelt sich hier um eine Win-win-Situation, bei der rein Monetäres durch Soziales aufgewogen wird.

> Beim Cafeteria-Ansatz können Mitarbeiter, analog einer Menüauswahl in einer Cafeteria, zwischen verschiedenen Sozialleistungen (z.B. Freizeitausgleich, Versicherung, Weiterbildung, Dienstwagen, soziale Einrichtungen) unter der Prämisse der Kostenneutralität (Kosten) zwischen inhaltlich und zeitlich verschiedenen Entgeltbestandteilen innerhalb eines bestimmten Budgets wählen.

In Zeiten demografischen Wandels und des Trends zur Wissensgesellschaft, der Überalterung der Bevölkerung sowie der Nachfrage nach gut ausgebildeten Arbeitskräften wird künftig das Thema Employer Branding an Bedeutung gewinnen.

> „Employer Branding ist die identitätsbasierte, intern wie extern wirksame Entwicklung und Positionierung eines Unternehmens als glaubwürdiger und attraktiver Arbeitgeber." (Deutsche Employer Branding Akademie)

5.5 Nachhaltigkeits-Reporting

WORUM GEHT ES?

Woher sollen Sie wissen, ob Sie Ihre Emissionen reduzieren? Wie viele Auszubildende Sie übernehmen? Welche Krankenrate Sie haben? Ob die Nachfrage bei Ihren „grünen" Produkten steigt oder fällt? Ob Sie weniger Material benötigen und Ihr Abfall geringer wird?

Begriffe sind manchmal schwammig. Zahlen nicht. Mittels Reporting lernen Sie, diffuse Daten in klare, messbare Einheiten, Größen und Ratios umzuwandeln. Formell meint Reporting die interne, regelmäßige, standardisierte Berichterstattung an die oberste Führungsebene. If you can't measure it, you can't manage it. – Was man nicht messen kann, kann man auch nicht steuern.

WAS BRINGT ES?

Reporting ist ein Erfolgsfaktor für eine professionelle nachhaltige Unternehmensführung. Sie erleichtert Entscheidungen, indem sie Informationen bereitstellt, schafft Klarheit und Ordnung durch finanzielle und nicht finanzielle Kennzahlen.

Darüber hinaus unterstützt das Reporting die Kommunikation mit externen Stakeholdern, weil es Indikatoren und Kennzahlen berichtet, die eine dauerhafte Unternehmensbeobachtung erlauben. Damit befriedigt es die gestiegenen Informationsbedürfnisse seitens der Anspruchsgruppen wie Analysten oder Kapitalgeber, indem es sich an Kriterien orientiert wie Transparenz, Offenlegungspflichten und Selbstverpflichtungen.

WIE GEHE ICH VOR?

Welche Zahlen bündeln und spiegeln unser Engagement am besten? Welche Indikatoren wähle ich aus, um unsere Nachhaltigkeitsaktivitäten möglichst realitätsnah abzubilden?

Leitfrage: Wie packe ich unser betriebliches Nachhaltigkeitsengagement – Investitionen, Aktivitäten, Initiativen, Maßnahmen, Programme – in Zahlen, mit denen ich arbeiten kann?

Mit klaren Kategorien, wie z. B. Emissionsausstoß, Mitarbeiterengagement oder Kulturförderungsprojekte, und entsprechenden Indikatoren, wie z. B. Kohlendioxid in Tonnen, Anzahl der Ideen im betrieblichen Vorschlagswesen, jährlicher Sponsoringaufwand in Euro, sehen Sie, wo Sie stehen und wo Sie Veränderungen vornehmen müssen, um Ihre Nachhaltigkeitsziele zu erreichen:

▶ Vergegenwärtigen Sie sich die Wertschöpfungskette.
▶ Definieren Sie Kategorien für die wichtigsten Stellen.
▶ Definieren Sie Indikatoren dazu.
▶ Legen Sie Zeitabstände, Form und Adressaten für das Reporting fest.
▶ Erstellen Sie den Nachhaltigkeitsbericht und machen ihn frei zugänglich.

Das in Bild 14 dargestellte Beispiel zeigt, welche Indikatoren, die sich in Zahlen konkretisieren lassen, die Allgäu GmbH ausgewählt hat und wie sich diese im Nachhaltigkeitsdreieck verorten lassen und dadurch den integrativen Ansatz des Reportings veranschaulichen.

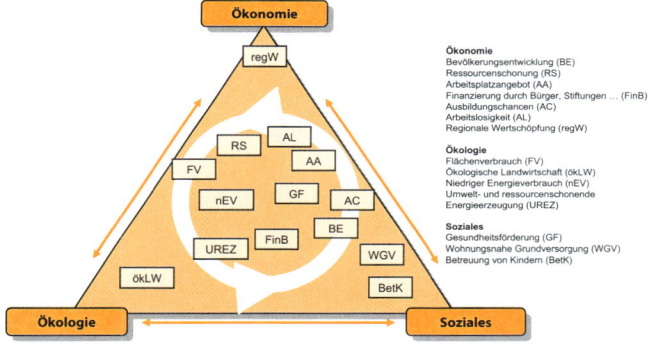

Bild 14: *Nachhaltigkeitsindikatoren der Allgäu GmbH*

Bild 15 veranschaulicht, welche Karriere im Sinne von Relevanz, Stellenwert und Bedeutungszunahme das Leitbild der Nachhaltigkeit durchlaufen hat. Es zeigt, wie es von einem

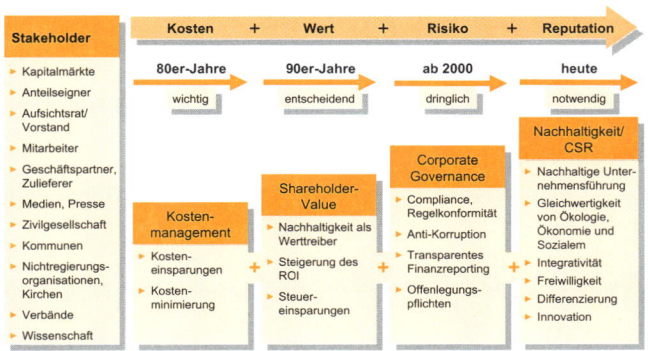

Bild 15: *Entwicklung der Nachhaltigkeit im Unternehmenskontext (Quelle: in Anlehnung an E & Y 2009)*

wichtigen zu einem entscheidenden dann dringenden und schließlich unerlässlichen Thema avanciert ist, dass die Anzahl der Stakeholder sich erhöht hat und dass die treibenden Kräfte dahinter sich von reinen Kostenfaktoren zu Wert-, Risiko- und Reputationsgründen entwickelt haben.

6 Der Fünf-Schritte-Plan und Instrumente

You can make a lot of speeches, but the real thing is when you dig a hole, plant a tree, give it water, and make it survive. That's what makes the difference.
(Wangari Maathai, erste weibliche Nobelpreisträgerin Afrikas)

Nachhaltigkeitsmanagement umfasst

▶ Situations- und Stakeholder-Analyse
▶ Nachhaltigkeitsstrategie,
▶ Umsetzung und Maßnahmenkatalog,
▶ nachhaltige Kommunikation,
▶ Fortschrittskontrolle.

Bild 16 zeigt, wie Sie diese Schritte schlüssig und systematisch durchlaufen. Jeder Schritt nennt Instrumente, Techniken und Methoden, die als Teilschritte umzusetzen sind. Sie können sich einzelne Methoden und Vorgehensweisen herausgreifen. Am besten ist jedoch, alle fünf Schritte in der Reihenfolge durchzugehen. Dabei gilt, erst innerhalb des Unternehmens bzw. der Wertschöpfungskette umwelt- und sozial bezogene Optimierungspotenziale zu erschließen. Anschließend können Sie Ihr Engagement durch einen Beitrag zur Gesellschaft oder zum Umweltschutz außerhalb des Unternehmens fortsetzen (Bild 17).

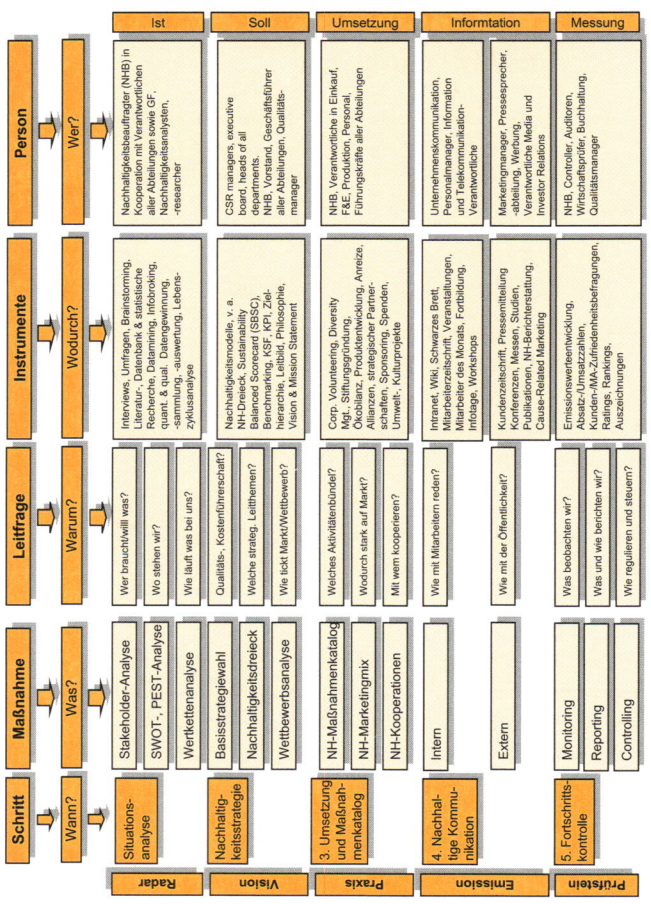

Bild 16: *Der Fünf-Schritte-Plan im Überblick – Nachhaltigkeitsmodell*

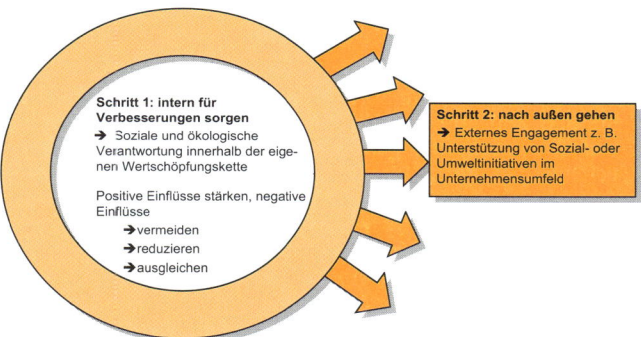

Bild 17: *Vorgehen: von innen nach außen*

6.1 Schritt 1: Situations- und Stakeholder-Analyse

WORUM GEHT ES?

Beim Deepwater-Horizon-Skandal hat das Sinken einer Ölplattform ganze Küstenlandstriche verödet und zum Niedergang des Energiegiganten BP (British Petroleum bzw. Beyond Petrol) geführt. Aktionäre, Investoren, Mitarbeiter, die Weltgemeinschaft haben ihr Vertrauen in den Konzern verloren. Binnen weniger Monate verlor BP 58 Milliarden Dollar an Börsenwert. Stakeholder-Management war dabei das Verhalten von BP, die Beziehungen zu sämtlichen Betroffenen so gut wie möglich zu gestalten. Zum Beispiel haben sie Fischer entschädigt oder marine Umweltschutzverbände finanziell unterstützt.

Stakeholder-Verantwortung bei Steelcase

„Jedes Unternehmen muss für sich abwägen, wie es seiner Verantwortung gegenüber Aktionären, Kunden und kommenden Generationen gerecht werden will. Gute Geschäftsergebnisse sind auf jeden Fall unerlässlich für die Auszahlung von Gehältern und Dividenden. Gleichzeitig verpflichtet eine positive Bilanz zur Erhaltung und Verbesserung einer Lebensumwelt." So beschreibt Henning Figge die Stakeholder-Verantwortung von Steelcase, das mit 31 US-zertifizierten Cradle-to-Cradle-Produkten Weltmarktführer bei Büroeinrichtungen in Sachen Design und Nachhaltigkeit ist. Als einziges Unternehmen der Branche durchlaufen alle Produkte eine Lebenszyklusanalyse. Kunden können ausgediente Möbel weiterverkaufen, spenden oder recyceln lassen.

WAS BRINGT ES?

Die Auseinandersetzung mit Anspruchsgruppen kann ein Unternehmen wie ein zusätzliches Radar unterstützen. Sie signalisieren Verantwortung, einen vorausschauenden Umgang mit Risiken, eine offene Unternehmenskultur. Damit stärken sie die Reputation bei Kunden und Investoren und tragen zur Motivation der eigenen Mitarbeiter bei. Nicht zuletzt können Unternehmen durch frühzeitiges Engagement Einfluss auf die Richtung gesellschaftlicher Diskussionen nehmen und die Ausprägung gesetzlicher Regelungen mitgestalten.

WIE GEHE ICH VOR?

Tragen Sie alle erdenklichen Akteure und Interessengruppen zusammen, mit denen Ihr Unternehmen in irgendeiner

Form von Beziehung steht. Ordnen Sie sie dann nach internen (z. B. Mitarbeiter) und externen Stakeholdern (z. B. Gemeinde) ein. Bild 18 zeigt ein mögliches Spektrum von Stakeholdern.

Gewinnen Sie ein möglichst umfassendes Bild zu den Erwartungen und Ansprüchen aller Interessenträger. Nutzen Sie dabei Kanäle und Instrumente wie qualitative Befragungen, E-Mail-Surveys, Rückmeldungen aus dem Beschwerde- und betrieblichen Vorschlagswesen, aus dem Bereich Marketing in Form von Kundenanfragen. Treffen Sie sich ergänzend mit den Verantwortlichen der wichtigsten Anspruchsgruppen und machen Einzel- und Gruppeninterviews. Je mehr Blickwinkel und Perspektiven der Stakeholder Sie einbeziehen, desto umfassender ist Ihre Bestandsaufnahme. Bringen Sie dann eine Systematik in die Stakeholder, indem Sie sie z. B. mittels Stakeholder-Matrix nach Einstellung und Einfluss ordnen, um sie so gezielt in verschiedenen Kontexten bedürfnisgerecht zu adressieren.

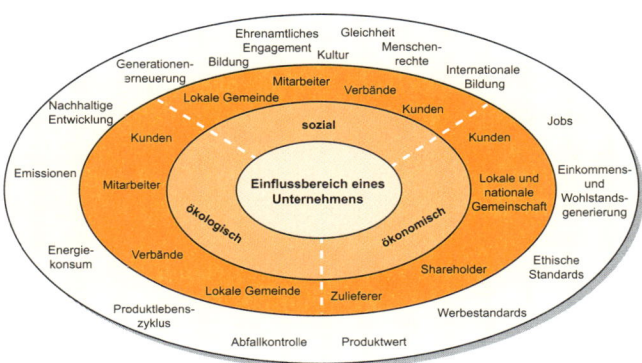

Bild 18: *Spektrum der Stakeholder (Quelle: E & Y 2009)*

Weitere Maßnahmen für gute Stakeholder-Beziehungen:

▶ Dialogforen zur gemeinsamen Themenpriorisierung für die Nachhaltigkeitsberichterstattung,

▶ Beteiligung an Initiativen zur Ausgestaltung freiwilliger Selbstverpflichtungen etwa auf Branchenebene,

▶ strategische Partnerschaften mit Nichtregierungsorganisationen in konkreten Projekten wie zum ökologischen Design oder zur Ausgestaltung des Code of Conduct.

6.2   Schritt 2: Nachhaltigkeitsstrategie

WORUM GEHT ES?

Mit der Definition strategischer Leitthemen legen Sie die längerfristige inhaltliche Ausrichtung Ihres Unternehmens fest. Das heißt, Sie bestimmen, auf welche ausgewählten Themen, die idealerweise ineinandergreifen und sich dadurch wechselseitig verstärken, Sie sich künftig in Bezug auf Produktangebot, Kundenausrichtung und Herstellungsprozesse konzentrieren wollen.

Dabei unterscheidet sich eine nachhaltigkeitsorientierte Themensetzung von einer konventionellen dadurch, dass sie gezielt auf die drei Dimensionen Bezug nimmt. Sie kristallisieren also jene ökonomisch-ökologisch-sozialen Leitthemen heraus, die mit Ihrer Kernkompetenz dauerhaft übereinstimmen. Bildlich gesprochen geht es darum, in Ihrem Nachhaltigkeitsdreieck jene Themen ausfindig zu machen, die möglichst im Zentrum des Dreiecks angesiedelt sind, weil Sie dadurch in dreifacher Hinsicht einen Gewinn erzielen.

WAS BRINGT ES?

Statt alle Jahre neu zu überlegen, wohin sich Ihr Unternehmen im Zuge der Selbsterneuerung, Wettbewerbsfähigkeit, Differenzierung, Modernisierung und Innovationsfähigkeit weiterentwickeln soll, setzen Sie sich einmal (bei iterativer Nachbesserung und Justierung) intensiv damit auseinander und erarbeiten sich so eine Roadmap, die Ihnen – und allen Stakeholdern – als dauerhafte solide Argumentations-, Entscheidungs- und Handlungsgrundlage dient.

WIE GEHE ICH VOR?

Greifen Sie zunächst auf die Ergebnisse Ihrer Stakeholder-Analyse zurück. Erschließen Sie dann z. B. in Führungskräfte- bzw. Abteilungs(leiter)-Workshops die vergangene, bestehende und angestrebte künftige Kernkompetenz des Unternehmens. Eruieren Sie, in welcher der drei Dimensionen Sie in Einklang mit dieser verhältnismäßig kostengünstige, wirksame und sinnvolle Veränderungen, Maßnahmen und Schwerpunktsetzungen vornehmen können. Tragen Sie dies zunächst in einer Art Brainstorming zusammen und verdichten Sie die gesammelten Aspekte zunehmend auf weniger Leitthemen fokussiert zu einem Leitthemenkatalog von fünf bis sieben Themen, um so deren Umsetzbarkeit sicherzustellen. Sie können hierzu eine Leitthemenhierarchie erstellen, die Sie dann thematisch zugeordnet in das Nachhaltigkeitsdreieck eintragen.

Strategische Themensetzung bei BMW

Um bei dem Beispiel BMW zu bleiben, das im Rahmen des Kapitels Strategie genannt wurde, heißt es dort auf der Webseite: „... wir unsere effizienten Antriebstechnologien weiter ausbauen und Konzepte für eine nachhaltige Mobilität in Ballungsräumen umsetzen. Im Produktionsprozess sollen der Ressourcenverbrauch und die Umweltbelastungen weiter sinken, was sich in der Clean Production Philosophie der BMW Group widerspiegelt. Als attraktiver Arbeitgeber wollen wir die Motivation und Zufriedenheit unserer Mitarbeiter stärken und unsere Fach- und Führungskräfte in Hinblick auf zukünftige Herausforderungen weiterentwickeln. Die ökologischen und sozialen Anforderungen auch in der Lieferantenkette weiter zu verankern, ist uns ein wichtiges Anliegen." (Website BMW Group)

Was BMW als Prinzipien und Handlungsfelder bezeichnet, bezieht sich im Grunde auf die Leitthemen, die das Unternehmen unter der Vielzahl möglicher Themen gezielt ausgewählt hat, wobei es auch auf den strategischen Kontext mit eingeht.

Nicht nur Unternehmen, ganze Landstriche können eine Nachhaltigkeitsausrichtung anstreben, wie das Beispiel Allgäu zeigt. Die süddeutsche Region mit 650 000 Menschen will ihr bestehendes Kapital an guter Infrastruktur, intakter Natur sowie engagierten Unternehmern und Mitarbeitern verstärkt unter das Vorzeichen Gesundheit und Umwelt setzen. Durch die Festlegung von Leitthemen sucht das Allgäu seine Zukunftsausrichtung gezielt zu gestalten. Bild 19 veranschaulicht, welche strategischen Leitthemen dazu ausgewählt wurden.

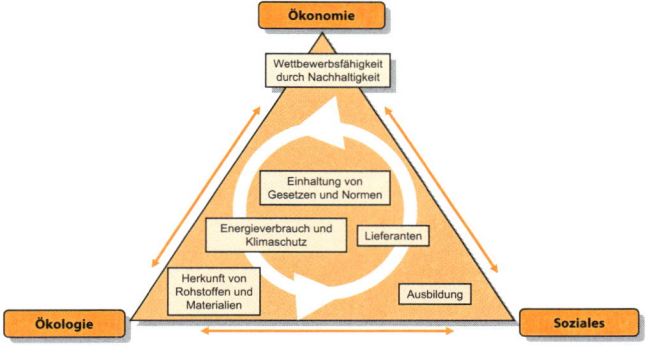

Bild 19: *Strategische Leitthemen der Region Allgäu*

6.3 Schritt 3: Umsetzung und Maßnahmenkatalog

WORUM GEHT ES?

Aus der Vielzahl an Möglichkeiten geht es hier darum, einige zentrale, geeignete Maßnahmen auszuwählen, die sich wechselseitig ergänzen. Es geht darum, wie Sie die von Ihnen gewählten Leitthemen durch gezielte Maßnahmen und Aktivitäten in die Praxis und damit Wirksamkeit (d.h. mit mess- und sichtbaren Ergebnissen) überführen können.

WAS BRINGT ES?

Dadurch gelangen Sie vom Planen in die Umsetzung und Wirkung. Durch die Kenntnis nachhaltigkeitsbezogener Maßnahmen erkennen Sie Möglichkeiten für Ansatzpunkte,

Verbesserungen und Veränderungen in der Praxis. Indem Sie Maßnahmen auswählen und Ressourcen zuweisen, arbeiten Sie durch ein konkretes Maßnahmenbündel über die Zeit auf Fortschritte hin.

WIE GEHE ICH VOR?

Wählen Sie in Orientierung an Kernkompetenz, Wertschöpfung und Strategie die zwei bis drei wichtigsten Maßnahmen in jeder Dimension aus. Achten Sie auf Synergien und potenzielle Zielkonflikte.

Tabelle 9 zeigt Maßnahmen und Instrumente zur Umsetzung von Nachhaltigkeit. Nachfolgend werden einige Maßnahmen und Instrumente beispielhaft angeführt.

Maßnahmen und Instrumente

Ökonomie	Ökologie	Soziales
Anti-Korruptions-Verpflichtung	Allianzen und Kooperationen mit Umwelt-Nichtregierungsorganisationen	**Mitarbeiter & Co.**
Auflagenerhöhung für Zulieferer		Antidiskriminierung und Chancengleichheit (z. B. Integrations- und Mentorenprogramme)
Auftragsvergabe an soziale Organisationen	Ausbildung von „Umweltazubis"	
Beschwerdemanagement verbessern	Corporate Volunteering im Bereich Umwelt(schutz)/Naturschutzprogramme	Arbeitssicherheit (z. B. bessere Ausstattung)
Business Development, nachhaltiges	Emissionsreduktion (z. B. Emissionsrechner im Betrieb sichtbar anbringen)	Betriebliches Vorschlagswesen (BVW)
Cause-Related Marketing		Fahrgemeinschaften fördern
Eigenkapitalanteilerhöhung	Energiesparmaßnahmen (z. B. stromsparende Geräte)	Faire Entlohnung (Begrenzung Managergehälter bzw. Transparenz, Gewinnbeteiligungen, Prämien für eingebrachte Ideen, gleiche Bezahlung für Männer und Frauen, faire Praktikantenbezahlung)
Faire und transparente Preisgestaltung	Gründung interner Umweltausschuss	
Forschung und Entwicklung Umwelttechnologien	Mobilität und Geschäftsreisen, umweltverträgliche (reduzieren, Bahnreisen, Telekonferenzen, Atmosfair Transferzahlung für Flugreisen, grünes Jobticket)	
Freiwillige Selbstverpflichtungen		Gemeinschaft am Arbeitsplatz (monatliches gemeinsames Biofrühstück, Sprechstunde, anonymer Kummerkasten)
Joint Venture		

▷

Maßnahmen und Instrumente

Ökonomie	Ökologie	Soziales
Innovationsmanagement	Ökologischer Fußabdruck Verbesserung	Gesundheitsförderung (gesunde Kantine, vegetarische Gerichte, Biowochen, regionales-saisonales Gemüse etc.; Rückenschule, Betriebsfitnessstudio)
Investieren (SRI, z.B. GLS Bank)	Produktneugestaltung (z.B. Cradle-to-Cradle)	
Lieferkettenoptimierung		
Logistikmanagement, lokales	Prozessoptimierung (z.B. Green IT)	
Nachhaltigkeitsberichterstattung	Verpackungsreduzierung, -optimierung (z.B. leichter, recycelbar)	Gesundheitsschutz – Aufklärungskampagne (Analyse von Arbeitsbelastungen, Berufskrankheiten, Unfallrisiken und Fehlzeiten für Gesundheitsmanagement)
Nachhaltigkeitskommunikation		
Non-financial Evaluation/Performance-Messung	Qualitätsmanagement Verschärfung	
Produktentwicklung, nachhaltige	Recycling	Verbrauchertelefon
Produktqualität und -sicherheit erhöhen	Rohstoff-, Ressourcen- und Materialverbrauch Reduzierung	Vereinbarkeit von Beruf und Familie fördern (z.B. Elternzeit, Vätermonate, Betriebskindergärten)
Qualitätsmanagement, EFQM	Spenden und Sponsoring (z.B. Projekte, Initiativen, NH-Konferenzen wie Utopia, Vision Summit)	Work-Life-Balance gewährleisten (z.B. Sabbaticals, Homeoffice, Gleitzeit, Zeitkonten)
Reputations-, Brandmanagement, Marketing		
Rücklagenbildung	Stabsstelle Umwelt einrichten	Gemeinwesen
Social-Venture-Kapital	Umweltmanagementsystem einführen (z.B. EMAS, ISO 14001)	Corporate Volunteering/gemeinnütziges Arbeitgeberengagement

Sparquotenanhebung	Veranstaltungsorganisation, klimaneutrale (z.B. Bio-Catering-Service	(Unterstützung von Erzieherinnen in Kindergärten, Renovierung von Vereinsheimen, Trainings, Coachings, Vorträge an Schulen, Kulturveranstaltungen mit organisieren, soziale und karitative Einrichtungen beraten idealerweise zu Kernthemen der Firma/Stelle)
Transparenz Managergehälter	Zertifizierung von Mitarbeitern zu Umweltbeauftragten	
Unternehmenskulturwandel		
Unternehmensspenden	Unterstützung von Instituten, Verbänden, Stiftungen, Vereinen etc. (Kirche, Jugend …)	Gründung einer Unternehmensstiftung oder eines Vereins, Public Private Partnerships
Verbraucherschutz verstärken (z.B. Produktinformation)		Social Lobbying
Verhaltenskodexe (z.B. Kinderarbeitsverzicht, Arbeitszeiten)	Zertifizierungen (Umwelt-, Güte- und Qualitätssiegel z.B. Blauer Engel, TÜV, Euroblume etc.)	Spenden
		Sponsoring (Sport, Jugend, Bildung, Gesundheit, Kultur, Kunst)
		Stakeholder-Management
Kooperationen mit wissenschaftlichen Einrichtungen (Hochschulen, Instituten, Forschungszentren), Kindergärten, Schulen (Grundschulen, Gymnasien, Realschulen), zivilgesellschaftlichen Initiativen, Vereinen, Stiftungen, Nichtregierungsorganisationen.		
Wettbewerbe, Teilnahme oder Ausschreibung (z.B. Deutscher Nachhaltigkeitspreis, Great Place to Work).		

Tabelle 9: *Nachhaltigkeitsmaßnahmen und -instrumente*

Verhaltenskodex

WORUM GEHT ES?

Ein Verhaltenskodex definiert Regeln der freiwilligen Selbstkontrolle.

WAS BRINGT ES?

Mit dem Deutschen Corporate Governance Kodex von 2002 sollen die in Deutschland geltenden Regeln für Unternehmensleitung und -überwachung für nationale wie internationale Investoren transparent gemacht werden, um so das Vertrauen in die Unternehmensführung deutscher Gesellschaften zu stärken.

WIE GEHE ICH VOR?

Definieren Sie die für Ihr Unternehmen wichtigsten potenziell kritischen Themenfelder. In Anlehnung an die Ergebnisse Ihrer Stakeholder-Analyse legen Sie dann die rund sieben wichtigsten freiwilligen Selbstbegrenzungen fest und fixieren diese schriftlich in einem von der Geschäftsführung unterzeichneten und der Öffentlichkeit zugänglich gemachten Dokument gegebenenfalls unter Verweis auf Institutionen, bei denen Sie sich in Ihrer Bemühung um Verhaltensstandards informiert haben.

Der Verhaltenskodex von H&M

„H&M besitzt keine eigenen Fabriken. Stattdessen kaufen wir unsere Kleidung und andere Produkte bei etwa 700 Herstellern – hauptsächlich in Asien und

Europa – ein. Da wir keine direkte Kontrolle über die Produktion haben, haben wir in einem sogenannten Verhaltenskodex Richtlinien für unsere Lieferanten ausgearbeitet. Dieser Verhaltenskodex basiert auf der UN-Kinderkonvention und auf den ILO-Konventionen zu Arbeitsbedingungen und Rechten im Arbeitsleben. Er wurde ausgearbeitet, damit wir sichergehen können, dass unsere Produkte unter guten Arbeitsverhältnissen hergestellt werden. Er enthält unter anderem Forderungen hinsichtlich: Arbeitsbedingungen, Verbot von Kinderarbeit, Brandsicherheit, Arbeitszeiten, Löhne, Gewerkschaftsfreiheit." (Quelle: H&M Verhaltenskodex 2011)

Corporate Volunteering

WORUM GEHT ES?

Corporate Volunteering heißt so viel wie gemeinnütziges Arbeitgeberengagement. Mitarbeiter werden für einige Stunden oder Tage freigestellt, um bei gesellschaftlichen Initiativen mit Rat und Tat anzupacken. Gerade Mittelständler, die ihrem Standort verbunden sind, vertiefen die Beziehungen zu ihrer unmittelbaren Gemeinschaft, indem sie Personal und Kompetenz stellen statt Geld- oder Sachspenden.

WAS BRINGT ES?

Die Anerkennung des gesellschaftlichen Engagements der Mitarbeiter und ihre Einbindung in das Unternehmensengagement stärken den Mitarbeiterstolz auf das und die Loyalität gegenüber dem Unternehmen. Gefördert werden dadurch Teamfähigkeit, soziale und fachliche Kompetenz, Kreativität, Zusammenhalt und Wir-Gefühl, die Arbeitszufriedenheit steigt und der Krankenstand sinkt.

WIE GEHE ICH VOR?

Mit den strategischen Leitthemen im Hinterkopf überlegen Sie sich Kooperationspartner und Möglichkeiten des Engagements in Ihrem Umfeld. Erstellen Sie einen Aktivitätenkatalog mit Projekten, Einsatzplänen und -orten, Terminen und Tätigkeiten. Erfragen Sie unter Mitarbeitern, wer Interesse hat, welches Projekt zu unterstützen.

Ideen sind z. B. die Unterstützung von Erzieherinnen in Kindergärten, die Renovierung von Vereinsheimen, Trainings und Coachings geben, Vorträge an Schulen oder Bildungseinrichtungen halten, Kulturveranstaltungen mit organisieren, soziale und karitative Einrichtungen beraten – idealerweise zu Kernthemen der Firma bzw. Position.

Kraft Foods

„Delicious Difference Week" heißt die weltweite soziale Aktionswoche, in der über 280 Kraft Foods-Mitarbeiter an neun Standorten in Deutschland sowie 20 000 Mitarbeiter in 50 Ländern teilnehmen. In der Kindertagesstätte St. Clara waren am 4. Oktober 2010 mehr als 20 Mitarbeiter der Firma Kraft im Einsatz: Sie reparierten Fahrräder, setzten den Garten instand, deckten den Schuppen neu, zogen Sitzbänke ab und bemalten eine Wand. „Ohne unsere Mitarbeiter wären die Projekte nicht zustande gekommen. Wir hatten das Gefühl, wirklich geholfen zu haben – und die Abwechslung zum Arbeitsalltag hat die Leute bereichert", so Kraft. (Quelle: Kraft 2010)

Diversity Management

WORUM GEHT ES?

In den USA populär, fand Diversity Management als Personalmanagementinstrument erst Ende der 90er-Jahre seinen Weg nach Europa. Inzwischen wenden es gerade internationale Großunternehmen im englischsprachigen Raum selbstverständlich an.

Der Leitgedanke: Die Wertschätzung der Vielfalt der Mitarbeiter dient dem wirtschaftlichen Erfolg des Unternehmens. Die Verschiedenheit der Beschäftigten wird daher bewusst zum Bestandteil der Personalstrategie und zur Organisationsentwicklung gemacht. Dabei geht es um Vielfalt in mehrfachem Sinn – zum einen um äußerlich wahrnehmbare Unterschiede wie ethnische Herkunft, Geschlecht, Alter und körperliche Behinderung, zum anderen um subjektive Unterschiede wie sexuelle, weltanschauliche bzw. religiöse Orientierung und Lebensstil.

WAS BRINGT ES?

Diversity Management bindet Beschäftigte an ihren Arbeitgeber, beeinflusst das Betriebsklima und die Arbeitsweise der Beschäftigten positiv, bringt Vorteile beim Wettbewerb um qualifizierte Beschäftigte, trägt zur Verbesserung des Images bei, ist ein wichtiger Faktor für eine erfolgreiche internationale Geschäftstätigkeit, begünstigt die Erschließung neuer Märkte und Kunden im Inland und senkt Risiken. Im Gegensatz zum Thema Antidiskriminierung, das sich vor allem mit der rechtlichen Seite und Gesetzen befasst, geht es hier vielmehr um ein ganzheitliches Konzept des Umgangs mit personeller und kultureller Vielfalt im Unternehmen – zum Nutzen des Unternehmens und zum Nutzen aller Beteiligten.

WIE GEHE ICH VOR?

Ein Anwendungsbeispiel im Personalwesen ist die Telekom. Dort soll die Frauenquote in Führungspositionen angehoben werden. „In der Endauswahl ist immer mindestens ein Drittel der Kandidaten weiblich. Und wir geben die Option von Teilzeit und Auszeit, auch für Männer", heißt es bei der Telekom. Bei Ford Deutschland gibt es beispielsweise vier verschiedene Frauennetzwerke (Women's Engineering Panel, Women's Marketing Panel, Women in HR, Women in Leadership), ein Elternnetzwerk, eine „Turkish Resource Group" und ein Netzwerk zu sexueller Orientierung (Gay, Lesbian Or Bisexual Employees). Bei Ford z. B. heißt es: „Aus wirtschaftlichen Gründen setzt Ford auf ‚bunt' zusammengesetzte Teams, welche gleichzeitig die Vielfalt der KundInnen abbilden." Die Deutsche Bank betreibt „All-Faith-Rooms", die so ausgestattet sind, dass es Anhängern aller großen Religionen möglich ist, darin zu beten.

Maßnahmen für Diversity Management
- Festschreibung des Vielfaltsgebotes im Leitbild
- Verhaltenskodex gegen fremdenfeindliches Handeln, Mobbing oder sexuelle Belästigung
- Quote festlegen für Mitarbeiter mit unterschiedlichem Hintergrund z. B. Auszubildende, Frauen, 50 plus
- Vorgaben für kulturell gemischte Teams
- Etablierung von Mütter-, Englisch-Netzwerken etc.
- Mentoringprogramme für Heimarbeiter, ausländische Mitarbeiter, Behinderte und Migranten

- Skill-Building-, Sprach- und interkulturelle Kommunikationstrainings
- Speiseangebote in Kantinen (koscher, kein Schweinefleisch, vegetarisch, vegan)
- Kinderbetreuungsangebote, flexible Arbeitsmodelle
- Berufung eines Diversity-Managers/Beauftragten

Ökobilanz, Stoff- und Materialflussanalyse

WORUM GEHT ES?

Stoffströme bezeichnen den Weg von Stoffen von ihrer Gewinnung durch alle Produktionsschritte bis zur Entsorgung (Bild 20). Im Rahmen der Stoffstromanalyse wird der Weg eines Stoffes (z.B. CO_2, TOC) vom Rohstoff bis zur Senke (Entsorgung, Deponierung) entlang aller betrieblichen

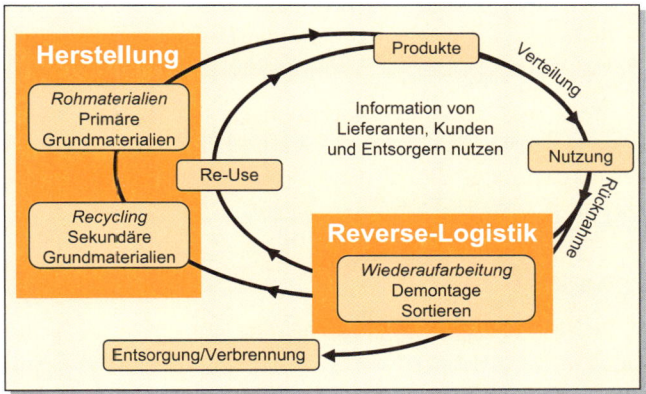

Bild 20: *Ökobilanz im Lebenszyklus (Quelle: PE Europe 2005)*

Prozesse dokumentiert und analysiert. Handelt es sich um Material wie z. B. Öl, Abfall oder Abwasser, spricht man von einer Materialflussrechnung. Material- und Stoffflussrechnungen sind damit eine Art physikalisches Rechnungswesen.

WAS BRINGT ES?

Vorrangige Ziele sind dabei ökologische Aspekte wie Verringerung der Abfallmengen, Erhöhung der Ausnutzungsgrade des Stoffes etc. Mithilfe der Stoffstromanalyse können auch verschiedene Produktionsabläufe verglichen werden, um denjenigen zu finden, der die beste Ökoeffektivität aufweist. Weitere Ziele sind:

▶ Verringerung oder Vermeidung problematischer Stoffe (z. B. toxische Stoffe),
▶ Reduzierung des Rohstoff- und Energieeinsatzes,
▶ Verminderung oder Vermeidung von Emissionen,
▶ Reduzierung des Abfallaufkommens,
▶ Verringerung oder Vermeidung von Lärmbelastungen.

Stoff- und Materialflussrechnungen liefern zudem eine notwendige (physikalische) Grundlage für die (Umwelt-) Kostenrechnung, die Kostensenkungspotenziale zu entdecken hilft.

WIE GEHE ICH VOR?

Zu Beginn jeder Stoffstromanalyse muss der Zweck der Untersuchung definiert werden. Die Stoffstromanalyse kann mit unterschiedlichen Methoden und in unterschiedlichen Intensitäten durchgeführt werden. Die Genauigkeit sollte möglichst auf den Zweck abgestimmt sein. Weiterhin sollte der Untersuchungsgegenstand (Stoff oder chemisches Element) genau benannt werden, da es z. B. bei chemischen Prozessen sonst leicht zu Abgrenzungsproblemen kommen kann. Zur Durchführung einer betrieblichen Stoffstromanalyse werden standortbezogene Ökobilanzen, Produktlinienanalysen und andere Methoden benutzt. Der Betrieb wird dabei oft in Teilbereiche gegliedert. Je feiner diese Gliederung erfolgt, desto größer ist die Aussagekraft der Analyse. Mit einer feineren Gliederung steigt jedoch ebenfalls der Analyseaufwand. Zur Ermittlung der Stoffströme können technische oder ökonomische Verfahren angewendet werden. Hilfreich ist ein Flussdiagramm.

Der Stoff- und Materialeinsatz am Beispiel eines Textilunternehmens umfasst a) Wasserverbrauch für Wasch- und Färbeprozesse, b) Einsatz von chlorhaltigen Farbstoffen, c) Rückstände schwermetallhaltiger Färbesalze, d) Einsatz von VOCs als Lösungsmittel sowie e) Pestizidgehalt der Produkte.

Nach Puma nun auch Nike: Giftfreie Produktion ab 2020

Nike reagiert auf die Forderungen von Greenpeace und „entgiftet" seine Produkte. Der weltweit größte Sportartikelhersteller hat sich öffentlich dazu verpflichtet, bis zum Jahr 2020 aus der Verwendung gefährlicher Chemikalien entlang des gesamten Produktlebenszyklus sowie der kompletten Lieferkette aller Produkte auszusteigen. Damit folgt Nike dem Beispiel des Sportartikelherstellers Puma, der sich Mitte 2011, kurz nach der Veröffentlichung des Greenpeace-Reports über „schmutzige Wäsche" in der Textilproduktion, für eine „giftfreie" Zukunft entschieden hat. Darüber hinaus hat Nike zugestimmt, sich verstärkt dem Konsumentenrecht auf Information zu widmen. Zukünftig will das Unternehmen volle Transparenz hinsichtlich aller Chemikalien bieten, die von den Fabriken seiner Zulieferbetriebe freigesetzt werden. (Quelle: Website Glocalist, Greenpeace 2012)

6.4   Schritt 4: Nachhaltige Kommunikation

WORUM GEHT ES?

Kommunikation ist nachhaltig, wenn sie Nachhaltigkeit zum Inhalt, Thema und Gegenstand der Kommunikation hat und die Art und Weise – die Kanäle, Auswahl der Zielgruppen/Adressaten, die Dauer und Regelmäßigkeit, die Glaubwürdigkeit und Verlässlichkeit (wie?) – nachhaltig sind. Zentral dabei sind Ganzheitlichkeit, Partizipation, Gerechtigkeit, Dauerhaftigkeit. Die Kunst wird darin bestehen, die Strategie in bearbeitbare Kommunikationseinheiten zu übersetzen, die sich am Ende und auf lange Sicht zusammenfügen und wechselseitig verstärken. Dazu ist ausreichend Zeit einzuräumen, bis sich eine stimmige, stabile und glaubwürdige Kommunikation durchgesetzt hat und sie als solche wahrgenommen wird.

WAS BRINGT ES?

Es gibt zwei klare Nutzen einer gezielten Nachhaltigkeitskommunikation: Zum einen schafft das Unternehmen eine klare Aussage davon, was es mitteilen, vermitteln, weitergeben will. Dies geschieht z. B. in Form von Schwerpunktthemen, Kernaussagen, Slogans, Messages, Claims, Kategorien, Ober- und Unterthemen (Gewichtung, Struktur und Themenhierarchie). Zum anderen stellt es die technischen, organisatorisch-logistischen Bedingungen und Voraussetzung für diese Distribution.

WIE GEHE ICH VOR?

Hierzu bietet sich ein Workshop an. Gestartet wird mit einem Brainstorming basierend auf einer konkreten Fragestellung z. B.: „Wo wollen wir mit unserem Unternehmen in zehn, 15 Jahren stehen?" oder: „Welche Position im Markt- und Wettbewerbsumfeld wollen wir bis dann und dann überzeugend und dauerhaft besetzt haben?"

An diesem Punkt ziehen Sie die im vorigen Schritt definierten *strategischen Leitthemen* heran. Dann untergliedern Sie sie nach und nach in operable Unterthemen. Mittels *Nutzwertanalyse* kann dann eine Gewichtung der Themen erfolgen, die Sie wiederum in einer Themenhierarchie mit Haupt- sowie Unterzielen erarbeiten. Anschließend werden Aufgaben und Verantwortlichkeiten sowie Ressourcen und binnen festgelegten Zeitrahmen vereinbarte Ziele veranschlagt. Dies kann mittels des Tools der Kommunikationsmatrix erfolgen.

Die wohl bekannteste und am meisten gehaltvolle Form der Nachhaltigkeitskommunikation ist der Nachhaltigkeitsbericht. Er zeichnet sich durch die Nennung von Kennzahlen durch Sachlichkeit und Transparenz aus. Die Wirkungen der Nachhaltigkeitsberichterstattung lassen sich wie in Bild 21 dargestellt beschreiben.

Nachhaltigkeitskommunikation erwächst aus Risikokommunikation, Wissenschaftskommunikation und Umweltkommunikation, die sich an bestimmten Regeln orientieren.

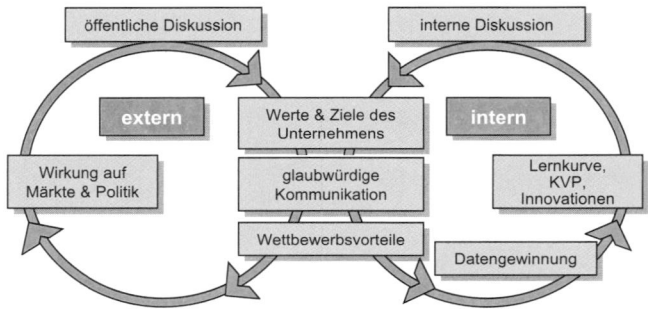

Bild 21: *Wirkung der Nachhaltigkeitsberichterstattung*

 Kommunikationsregeln

- **Glaubwürdigkeit:** Sie begeben sich selbst auf den Prüfstand und ziehen damit die Blicke auf sich – im Guten wie im Schlechten. Versprechen Sie nur, was Sie halten werden.
- **Authentizität:** Verstecken Sie sich nicht hinter grünem Marketing oder Pseudo-Gutmenschentum. Wer sich hinter Marketingsprüchen versteckt, wird nicht ernst genommen. Auch Unternehmensvertreter müssen und dürfen im Web 2.0 persönlich erfahrbar sein und ihre Interessen und Befindlichkeiten vermitteln.
- **Dialogbereitschaft:** Die Nutzer sind an Dialog interessiert – und zwar auf Augenhöhe! Wer zuhören kann und auf Argumente eingeht, erfährt Wertschätzung auch durch die schärfsten Kritiker.
- **Transparenz:** Probleme und Schwächen dürfen thematisiert werden. Und Verbesserungsvorschläge der Nutzer können Innovationstreiber für die Unternehmen sein.
- **Langer Atem:** Erfolgreiche Nachhaltigkeitskommunikation braucht Kontinuität. Wer sich in den Dialog begibt und beim ersten Gegenwind wieder verschwindet (denn der wird kommen!), baut kein Vertrauen auf.

6.5 Schritt 5: Fortschrittskontrolle

WORUM GEHT ES?

Erfolgskontrolle kann man mit dem Fahren eines modernen Autos vergleichen: Es verfügt über einen komplexen Bordcomputer, der eine Vielzahl von Parametern ständig abfragt, überwacht und bewertet. Dem Fahrer werden aber nur ausgewählte Parameter bzw. Daten zur Verfügung gestellt wie z. B. Geschwindigkeit, Drehzahl oder Tankanzeige. Würden alle erfassten Daten immer bereitgestellt, müsste anstelle des Beifahrersitzes ein großer Bildschirm installiert werden, und der Fahrer wäre vollkommen überfordert und hätte dadurch ein wahrscheinlich höheres Unfallrisiko.

Für den „Reporter" bedeutet das, sich auf die wesentlichen Parameter zu beschränken, weniger ist mehr. Kennzahlen sind z. B. Meilensteine oder Ressourcenverbrauch.

WAS BRINGT ES?

Die Ausgangslage und Situation sind ähnlich wie beim Reporting. Während es im Reporting vor allem zunächst darum geht, die richtigen Kennzahlen und Indikatoren festzulegen, sowie um das „Reporten", also Berichten von Entwicklungen, Veränderungen und Fortschritten, geht es bei der Erfolgskontrolle vor allem um Kontrolle, Steuerung und Lenkung (sowie bei Bedarf die notwendige Korrektur, Neuausrichtung und Anpassung der Strategie oder Ziele). Während Sie mit dem Reporting auf das zahlenmäßige Erfassen Ihres Nachhaltigkeitsengagements abzielen, ist es Anliegen des fünften Schrittes, eine daraus resultierende Entscheidungsfindung zu überwachen und zu lenken sowie praktisch anzupassen.

Während das Reporting wie die Uhr ist, die Ihnen die Uhrzeit nennt (z. B. fünf vor zwölf), legt die Erfolgskontrolle Gegenmaßnahmen und Handlungsoptionen fest (z. B. wir müssen schnell, dringend in dieser Angelegenheit handeln, z. B. pünktliches, regelmäßiges und ordnungsgemäßes Veröffentlichen des jährlichen Nachhaltigkeitsberichts).

WIE GEHE ICH VOR?

Ohne die Definition von Zielen ist Erfolg nicht messbar.
Das gilt auch für Umweltschutz und Menschenrechte.

Beispiele von Zielen
- Höhere Absatzzahlen
- Erweiterung Kundenstamm, Stammkunden
- Neue Allianzen
- Besseres Nachhaltigkeits-Rating/-Ranking
- Besseres Image, mehr Medienpräsenz
- Weniger Emissionen
- Geringere Fluktuation
- Weniger Reklamationen
- Erreichen von Industrie-Benchmarks

(Teil-)Ziele werden mittels verschiedener Kontrollformen beobachtet.

▶ Die *Wirtschaftlichkeitskontrolle* überprüft, ob die Durchführung einer Maßnahme unter Wirtschaftlichkeitsgesichtspunkten vorteilhaft war.

▶ Im Rahmen der *Zielerreichungskontrolle* wird durch einen Soll-Ist-Vergleich vor allem der erreichte Zielerreichungsgrad der betrachteten Maßnahme ermittelt.

▶ Bei der *Wirkungskontrolle* wird untersucht, ob die betreffende Maßnahme überhaupt einen Beitrag zur Zielerreichung geleistet hat.

Basis der Erfolgskontrolle bildet der PDCA-Zyklus (Bild 22). Damit die Erfolgskontrolle erfolgreich ist, müssen folgende Voraussetzungen erfüllt werden:

▶ Es muss eine transparente und nachvollziehbare *Zielplanung* geben, die den SMART-Kriterien (**S**pezifisch konkret – **M**essbar – **A**ktiv beeinflussbar – **R**ealistisch – **T**erminiert) entspricht bezüglich der drei Zieldimensionen Termine, Ressourcen und Ergebnisse.

▶ Die *Planungsstrukturen* müssen mit den späteren Abfragestrukturen übereinstimmen.

Bild 22: *PDCA-Zyklus*

▶ Kennzahlen *zeitnah* erfassen, dass sie aktuell sind.
▶ Ehrlichkeit und ein gewisses Maß an *Offenheit*.
▶ Eine *Unternehmenskultur*, die erlaubt, Fehler zu machen, und diese als Lernchance begreift.

Erfolgskontrolle für PR

Wann ist eine Public-Relation-Maßnahme erfolgreich? Sie wenden viel Zeit und Geld auf, um Ihre PR-Aktivitäten sorgfältig zu planen und umzusetzen. Sie möchten nun wissen, ob Sie Ihr Budget richtig eingesetzt und Ihr Kommunikationsziel erreicht haben.

Hierzu gilt es, bereits im Vorfeld geeignete Methoden festzulegen, wie Sie bei der Evaluierung der PR-Maßnahmen vorgehen wollen. Grundsätzlich gibt es drei unterschiedliche Arten, den Erfolg von PR zu kontrollieren. Wobei sich die Methoden hinsichtlich ihrer Objektivität und in Bezug auf die einzusetzenden Ressourcen stark unterscheiden:

• **Presseauswertung:** Die Auswertung der Veröffentlichungen in Zeitungen, Zeitschriften, Rundfunk und Fernsehen sowie in Online-Medien und Blogs gibt Hinweise darauf, ob die gewünschte Aufmerksamkeit für die PR-Maßnahme vorhanden war und in welchem Maße die Kernbotschaften aufgegriffen, verstanden und akzeptiert wurden. Eine entsprechende Medienbeobachtung sollte daher nicht nur quantitative Aspekte, sondern vor allem die Qualität der Veröffentlichungen evaluieren (Medienresonanzanalyse).
• **Beobachtung und persönliche Beurteilung:** Beobachtbare Reaktionen auf PR-Maßnahmen sind z.B. die Rückläufe auf eine Direktwerbemaßnahme, auf eine Einladung oder auf einen Wettbewerb. Auch lassen sich Veranstaltungen dahin gehend auswerten, ob die Kernzielgruppe auf der Gästeliste vertreten war und wie sich die Stimmung auf der Veranstaltung entwickelte. Zudem zählt jegliches Feedback auf Aktionen – ob Anrufe, Dankes- oder Leserbriefe

und sonstige persönliche Eindrücke und Hinweise – zu dieser Kategorie. Im Bereich der Online-PR hat das Monitoring von Blogs, Kommentaren, Tweets und den Aktivitäten auf Social-Media-Plattformen einen besonderen Stellenwert gewonnen.

- **Wissenschaftliche Analyse:** Die objektivste, aber auch aufwendigste Form der Erfolgsmessung ist die wissenschaftliche Analyse. Imageanalysen, Meinungsumfragen und Mitarbeiterbefragungen sind geeignete Methoden, um mittel- und langfristige Veränderungen von Einstellungen und Verhalten wichtiger Bezugsgruppen oder die Akzeptanz einzelner PR-Maßnahmen zu messen.

7 Einsatzbereiche

Bei allem, was man tut, das Ende zu bedenken,
das ist Nachhaltigkeit.
(Eric Schweitzer)

Nachhaltigkeit ist ein Querschnittsthema. Das bedeutet, dass das Thema in mehreren Funktions- und Aufgabenbereichen zum Einsatz kommen kann. Der folgende Abschnitt nennt exemplarisch wichtige Einsatzbereiche, in die Sie Nachhaltigkeit integrieren können.

7.1 Change Management

WORUM GEHT ES?

Versetzen Sie sich 30 Jahre in die Vergangenheit. Und stellen Sie sich vor, Sie müssten Ihr Unternehmen überzeugen, Computer einzusetzen. Welchen Bedenken, Ängsten und Einwänden würden Sie dabei begegnen? Und wie würden Sie damit umgehen? Würden Sie einfach jedem, der Ihnen auf dem Flur begegnet, die Geschichte vom Segen und Nutzen der Technologie erzählen. Oder würden Sie sich überlegen, wie Sie systematisch so vorgehen, dass Sie mit den wichtigsten Aussagen die richtigen Leute an den richtigen Schaltstellen adressieren und dadurch den Wandel effizient herbeiführen?

Ein Nachhaltigkeitsverantwortlicher vereint mehrere Rollen: Vermittler, Informant, Innovator und Problemlöser. Diese Querschnittsherausforderung macht ihn zu einem „Change Agent", einem Botschafter, einer Leitfigur, einem Treiber und Promotor von Nachhaltigkeit.

Leitfrage: Wie können Sie in Ihrem Unternehmen den Wandel Richtung Nachhaltigkeit durch gezielte Veränderungen herbeiführen und ihn bewusst gestalten und lenken?

WAS BRINGT ES?

Change Management *ist* Nachhaltigkeitsmanagement, nur auf Makroebene bzw. von der Vogelperspektive aus. Es umfasst alle Aufgaben, Maßnahmen und Tätigkeiten, die eine bereichsübergreifende und inhaltlich weitreichende Veränderung in einer Organisation bewirken sollen – zur Umsetzung von neuen Strategien, Werten oder Prozessen. Durch Change Management treiben Sie den in Ihrem Unternehmen unter Umständen längst überfälligen Wandel voran. Nachhaltigkeitsmanagement ist dazu der Orientierungsrahmen.

WIE GEHE ICH VOR?

Zur Überwindung der Hindernisse für Wandel wird immer häufiger das Modell der transformationalen Führung empfohlen. Die Betroffenen (Stakeholder) werden frühzeitig auf die anstehenden Veränderungen durch umfassende und angemessene Information – sogenannte „Change Communication" – vorbereitet. Veränderungsmanagement kann Informations- und Schulungsmaßnahmen beinhalten.

Vertreter nachhaltiger Veränderungsprozesse raten zu einer frühestmöglichen Einbeziehung der Stakeholder. Damit vermittelt man den betroffenen Mitarbeitern die nötige Sicherheit im Prozess. Je stärker die Sicherheit, desto größer die Bereitschaft zur Veränderung. Wenn diese Bereitschaft nicht erzeugt wird, können Widerstände aus der Belegschaft das Projekt zum Scheitern bringen.

Eine Übersicht, welche Stufen bei einem Change-Prozess zu durchlaufen sind, gibt Bild 23.

1. Bewusstsein für dringenden Veränderungsbedarf schaffen

- Markt und Wettbewerbssituation untersuchen und bewerten
- Chancen und Risiken erkennen
- Potenzielle Krisen antizipieren
- Konsequenzen frühzeitig ableiten

2. Visionär führen und messbare Strategie entwickeln

- Gruppe zusammenstellen, die genügend Überzeugung, Kompetenz und Macht besitzt, den Wandel zu gestalten
- Vision schaffen, die für die Veränderungsbestrebung richtungsweisend ist
- Strategie entwickeln, die zur Realisierung der Vision beiträgt
- Kennzahlen, Zielerreichungsgrade und Aktionsprogramme ableiten

3. Vision und Strategie kommunizieren

- Jede Möglichkeit nutzen, die Vision und Strategie zu kommunizieren
- Die Führungskoalition lebt vor, was sie von den Mitarbeitern erwartet (Vorbildwirkung)

4. Kurzfristig sichtbare Erfolge planen

- Große Projekte in kleine Pakete bzw. Aktivitäten zerlegen, dadurch können sichtbare Leistungsverbesserungen geplant werden
- Erfolge kommunizieren und Mitarbeiter dafür belohnen

5. Prozessorientierte Steuerung der Veränderung durch Mitarbeiter

- Strukturen auf die veränderten Rahmenbedingungen ausrichten
- Mitarbeiter an der Neugestaltung beteiligen und Hindernisse beseitigen
- Zu Risikobereitschaft, Eigeninitiative und konkreten Handlungen ermutigen

6. Erfolge konsolidieren und Veränderungen institutionalisieren

- Wachsende Glaubwürdigkeit nutzen, um alle Strukturen und Verfahren, die nicht zur Verwirklichung der Vision beitragen, zu verändern
- Mitarbeiter entwickeln, befördern und neue einstellen, die den Wandel realisieren können
- Den Veränderungsprozess mit neuen Projekten, Themen und Impulsen in Gang halten und beleben

7. Neue Verhaltensweisen kultivieren

- Neues Verhalten ist verwurzelt in den sozialen Normen und Werten
- Beziehung zwischen verändertem Verhalten und Unternehmenserfolg herausstellen
- Maßnahmen entwickeln, die die Führungsentwicklung und -nachfolge sicherstellen

Bild 23: *Sieben-Stufen-Veränderungsfahrplan (siehe auch Pocket Power Change Management)*

Schnelle Integration ist ein entscheidender Faktor. In den Modellen für Change Management werden dabei je nach Autoren mehrere Phasen durchlaufen: mal drei, sieben oder zwölf Phasen und dies mal sequenziell, simultan oder iterativ. In jedem Fall handelt es sich dabei um logische, nicht chronologische Schrittfolgen.

7.2 Innovationsmanagement

WORUM GEHT ES?

Innovationsmanagement *ist* Nachhaltigkeitsmanagement. Denn Innovationsmanagement ist die systematische Planung, Steuerung und Kontrolle von Innovationen in Organisationen, seien sie ökonomischer, ökologischer oder sozialer Art. Im Unterschied zu Kreativität, die sich mit der Entwicklung von Ideen beschäftigt, ist Innovationsmanagement auch auf die Verwertung von Ideen bzw. deren Umsetzung in wirtschaftlich erfolgreiche Produkte bzw. Dienstleistungen ausgerichtet. Und genau darauf zielt Nachhaltigkeit als Treiber von Entwicklungen, die auf eine umweltgerechte und sozialverträgliche Funktionsweise und Wirkung ausgerichtet sind.

Das Management von Innovationen ist Teil der Umsetzung der Unternehmensstrategie und kann sich auf Produkte, Dienstleistungen, Fertigungsprozesse, Organisationsstrukturen, Managementprozesse und vieles andere mehr beziehen. Während Produktinnovationen in der Regel darauf abzielen, die Bedürfnisse von Kunden besser zu befriedigen, sind Prozessinnovationen meist auf Verbesserung von Effektivität und Effizienz von Verfahren ausgerichtet. Mit Blick auf

Nachhaltigkeit bedeutet, dass diese Innovation dabei sowohl in der Herstellung als auch Nutzungsphase ressourcenökonomisch und gerecht konzipiert ist.

Leitfrage: Welche Innovationen würden unsere stärker öko-soziale Ausrichtung am besten ausdrücken? Wo können wir Neuartiges entwickeln, das einen längerfristigen Innovationsvorsprung verschafft?

WAS BRINGT ES?

Innovationsmanagement ist die Chance, durch systematisches Vorgehen die Potenziale von Nachhaltigkeit in Form neuartiger Produkte, Dienstleistungen, Prozesse und Technologien sichtbar zu machen und als Treiber für Wertschöpfung zu nutzen.

Nachhaltigkeit ist unter politischen, wissenschaftlichen und Ingenieurgesichtspunkten ein neuer Ansatz. Dies birgt die Chance, sich auf dem bislang wenig erschlossenen Terrain mittels auf die Kernkompetenz des Unternehmens bezogener Innovationsmöglichkeiten für sich zu nutzen.

WIE GEHE ICH VOR?

Indem Sie Leitlinien oder einen Katalog an Nachhaltigkeitsprinzipien festlegen, können Sie den Innovationsprozess gezielt in diese Richtung lenken. Fragen Sie sich, welche Ihrer Produkte den größten Nachholbedarf in Sachen Nachhaltigkeit haben, und optimieren Sie sie entsprechend. Erforschen Sie auf der „grünen Wiese" mittels Brainstorming im interdisziplinären Team Innovationen mit Nachhaltigkeitspotenzial. Orientieren Sie sich dabei am Fünf-Schritte-Plan, immer mit der Frage im Hinterkopf: Wo ist das durchschlagend Neue, Ungewöhnliche, noch nicht Dagewesene daran?

Die Teilschritte wie der Gesamtprozess sind in Bild 24 dargestellt (siehe auch Pocket Power *Innovationsmanagement*):

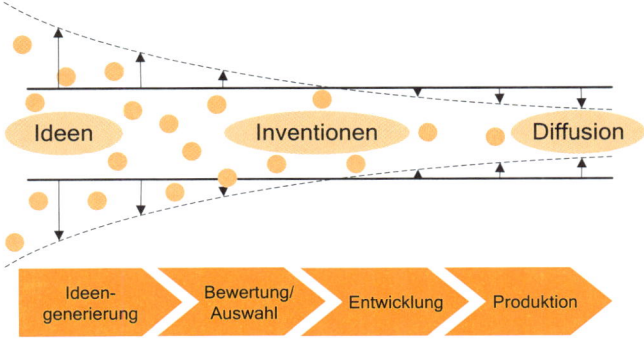

Bild 24: *Teilschritte im Innovationsprozess*

Nicht nur technische, sondern verstärkt auch soziale Innovationen sind auf dem Vormarsch – Stichwort Mikrokredite oder Social Entrepreneurship –, wie das folgende Beispiel veranschaulicht:

Social Business Innovation: Low-Budget-Kreativagentur

Projektisten sind auf Unternehmensgründungen und Projekte in der Kreativwirtschaft spezialisiert, die auf Low-Budget aufbauen und bankenunabhängig sind und bleiben wollen. Das Ziel ist, kreative, frische und freche Unternehmensgründungen und Projekte zu unterstützen. Kurz, mit wenig Geld und ohne Gläubiger ein innovatives Geschäft aufzuziehen, in dem Herzblut und Leidenschaft stecken. „Garagengründungen und Low-Budget-Projekte sind mehr als die günstige Umsetzung einer Geschäftsidee", sagt Projektisten-Gründer Dirk Riedmüller (Projektisten 2011). Es geht um eine persönliche und unternehmerische Befreiung aus dem starren System von Banken, aus Bürokratie und Schema F. Gerade durch Kreativgründungen, die flexibel sind und sich auf das Wesentliche auf aktuellem Stand konzentrieren, ließen sich Marktvorteile in einem unvorhersehbaren Markt ausschöpfen. Kernleistungen sind dabei Beratung, Begleitung und Schulung ebenso wie die modular buchbaren Einheiten namens Nebenbei Gründen, Marke „Ich", Projekt-Werkstatt oder Reflexions-Wohnzimmer. Das vermittelt auch die Webseite www.projektisten.de auf individuelle Weise.

7.3 Qualitätsmanagement

WORUM GEHT ES?

Qualitätsmanagement bezeichnet alle organisierten Maßnahmen, die der Verbesserung von Produkten, Prozessen oder Leistungen jeglicher Art dienen. „Nachhaltigkeitsmanagement kann als integrative Form des Qualitätsmanagements begriffen werden. Das heißt, nicht nur ausgewählte Stellschrauben werden auf ihr Verbesserungspotenzial durchleuchtet, sondern das ganze System", sagt Bianca Wiedemann von der Nachhaltigkeitsberatung fair society (Wiedemann 2011).

Qualitätsmanagement ist eine Kernaufgabe des Managements. In Branchen wie der Luft- und Raumfahrt, Medizintechnik, Teilen der Gesundheitsversorgung, der medizinischen Rehabilitation oder der Arznei- und Lebensmittelherstellung ist das Qualitätsmanagementsystem vorgeschrieben.

WAS BRINGT ES?

Inhalte sind etwa die Optimierung von Kommunikationsstrukturen, professionelle Lösungsstrategien, die Erhaltung oder Steigerung der Zufriedenheit von Kunden oder Klienten sowie der Motivation der Belegschaft, die Standardisierungen bestimmter Handlungs- und Arbeitsprozesse, Normen für Produkte oder Leistungen, Dokumentationen, berufliche Weiterbildung, Ausstattung und Gestaltung von Arbeitsräumen. Ziel ist, über eine methodische Basis zu verfügen, die Nachhaltigkeit in der Produktion langfristig sicherstellt.

WIE GEHE ICH VOR?

Ein mögliches Instrument ist das EFQM-Modell. Die European Foundation for Quality Management hat das Modell zur Umsetzung von umfassendem Qualitätsmanagement entwickelt. Es erlaubt die Bewertung von Organisationen bzw. ihres Managements im Hinblick auf nachhaltig hervorragende Leistungen für alle Anspruchsgruppen durch systematisches Management. Es geht damit über Qualitätsmanagement nach ISO 9001 hinaus, erlaubt eine relative Bewertung und ermöglicht Qualitäts-Benchmarking. Aktuell gilt das Modell in der Fassung 2010 (Bild 25), mit der das Konzept präzisiert und leichter anwendbar gestaltet wurde.

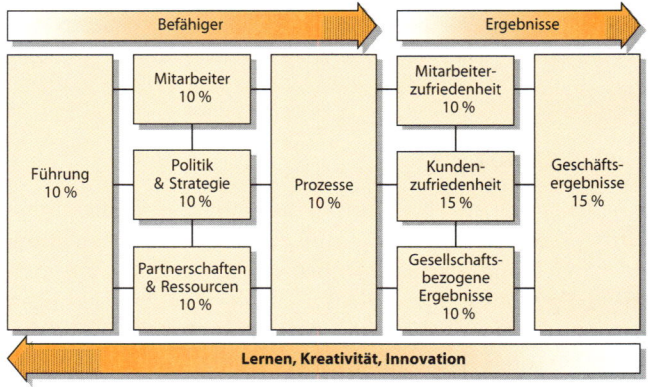

Bild 25: *EFQM-Modell 2010*

7.4 Risikomanagement

WORUM GEHT ES?

Risikomanagement *ist* Nachhaltigkeitsmanagement. Nichts anderes als Risikomanagement war Carlowitz' Waldbewirtschaftungsweise; er wollte damit der Gefahr vollkommen erschöpfter Holzbestände zuvorkommen. Risikomanagement meint klassischerweise so viel wie die systematische Erfassung und Bewertung von Risiken und den Umgang mit ihnen.

WAS BRINGT ES?

Nachhaltigkeitsorientiertes Risikomanagement stellt sicher, dass neben ökonomischen auch ökologische und soziale

Faktoren im Entscheidungsprozess berücksichtigt werden. Das wiederum liegt in der Erfahrung begründet, dass sich der Wert eines Unternehmens heute nicht mehr nur nach dem Aktienkurs, sondern auch nach nicht finanziellen Leistungsindikatoren bemisst. Wie erfolgreich ein Unternehmen in seinem Nachhaltigkeitsengagement ist, hängt entscheidend von der Fähigkeit ab, Chancen und Risiken frühzeitig zu identifizieren.

Durch richtige Weichenstellungen im Frühstadium eines Projekts sparen Sie dem Unternehmen Ressourcen und spätere Korrekturen, die meist deutlich kostspieliger ausfallen.

Im Kontext von Nachhaltigkeit diversifizieren Sie die Risiken, indem Ihr Unternehmen im Falle wirtschaftlich schwieriger Zeiten einen guten Ruf bei Kunden, Partnern und in der Gesellschaft hat. Als Beispiel seien hier Familien- und Traditionsunternehmen genannt, deren generationenübergreifende Werteorientierung ihnen ein auch in schlechten Zeiten gutes Image in der Gesellschaft attestiert.

WIE GEHE ICH VOR?

Grundsätzlich gibt es fünf unterschiedliche Risikosteuerungsstrategien. Diese sind:

- Risikovermeidung,
- Risikoverminderung,
- Risikobegrenzung,
- Risikoüberwälzung,
- Risikoakzeptanz.

Um Risiken frühzeitig zu erkennen, kann ein Unternehmen z. B. ein „Umfeldradar" einführen, das kontinuierlich um ökologische und soziale Aspekte erweitert wird. Ein dauerhafter und steter Dialog mit Stakeholdern aus Wirtschaft, Politik und Gesellschaft hilft dabei, mittel- und langfristige Herausforderungen rechtzeitig zu erkennen.

Schritte im Risikomanagement sind:

▶ Festlegungen von Zielen auf Basis der Definition von Strategie, gegebenenfalls auch Visionen der das Risikomanagement anwendenden Stelle,
▶ Definition von Werttreibern oder kritischen Erfolgsfaktoren zur Erreichung von Zielen,
▶ Festlegung einer Risikomanagementstrategie,
▶ Identifikation von Risiken,
▶ Bewertung/Messung von Risiken,
▶ Bewältigung von Risiken,
▶ Steuerung der Risikoabwehr,
▶ Monitoring, also Früherkennung,
▶ Strukturierung und Dokumentation in einem Risikomanagementsystem.

7.5   Projektmanagement

WORUM GEHT ES?

Am Unternehmensziel Nachhaltigkeit sollten sich heute alle einzelnen Vorhaben messen lassen. Jedes Projekt, das Vorständen zur Entscheidung vorgelegt wird, sollte vorab anhand von Nachhaltigkeitskriterien überprüft werden. Dabei sind in den Vorstandsvorlagen beispielsweise der Ressourcenverbrauch, die Emissionen und die sozialen sowie gesellschaftspolitischen Auswirkungen der verschiedenen Lösungsalternativen zu bewerten.

Damit befindet sich ein Projekt in einem doppelten Spannungsfeld, nämlich zwischen den drei Dimensionen Ökonomie, Ökologie und Soziales sowie andererseits den drei Kriterien Zeit, Kosten und Qualität (Bild 26).

> **Leitfrage:** Wie kann ich durch ein Projekt der umwelt- und sozial bezogenen Verantwortung unseres Unternehmens trotz Zeit-, Kosten- und Qualitätsdruck nachkommen?

WAS BRINGT ES?

Nachhaltiges Projektmanagement zeigt, dass es einerseits darum geht, die durch Projektmanagement erreichten Ergebnisse nachhaltiger zu gestalten (Outcome, Resultat) wie auch das Projektmanagement selbst (Prozess, Funktion). Dadurch gestaltet sich die Projektarbeit sinnhafter, was sich positiv auf

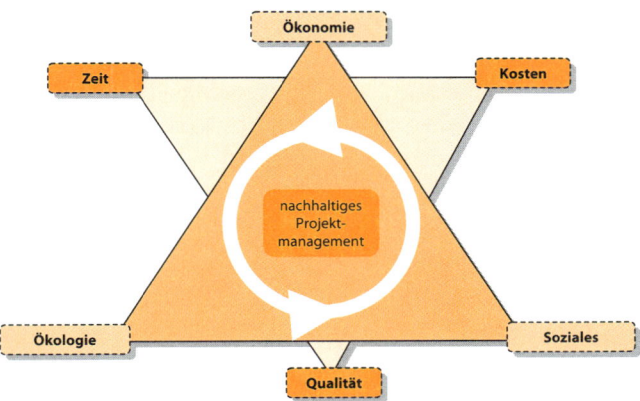

Bild 26: *Nachhaltiges Projektmanagement*

die Motivation und das Engagement auswirkt. Gleichzeitig werden die Weichen für die Entwicklung mittel- und langfristiger Umweltqualitätsziele gestellt, die eine schrittweise Verbesserung der Umweltbedingungen und eine nachhaltige Nutzung der natürlichen Ressourcen sicherstellen.

Darüber hinaus können Lessons Learned die Art und Weise einer Projektumsetzung auch durch neues oder vertieftes soziales und umweltbezogenes Lernen und Wissen bereichern und dadurch künftige Projekte auf mehreren Ebenen verbessern.

WIE GEHE ICH VOR?

Grundsätzlich ist auch beim nachhaltigen Projektmanagement wie bei einem nicht nachhaltigen Projekt vorzugehen (siehe auch Pocket Power *Projektmanagement*). Zusätzlich sollte bei allen Projektschritten der Nachhaltigkeitsgedanke mit einbezogen werden.

Überlegen Sie beim nächsten Projekt nicht nur, wie Sie das strategische Thema – z. B. Kooperation mit einer lokalen Hochschule im Bereich Umwelttechnologien mit Gastrednern aus Ihrem Unternehmen – wählen, sondern überprüfen Sie auch alle einzelnen Aktivitäten auf jeder Planungsstufe sowie die Verantwortlichkeiten der einzelnen Projektbeteiligten hinsichtlich Nachhaltigkeit. Um bei dem Beispiel zu bleiben, könnten Sie hier engagierten, kompetenten Mitarbeitern ermöglichen, z. B. an dieser Hochschule zu referieren oder Abschlussarbeiten und Kooperationen, die dieses Thema langfristig zum Schwerpunkt haben, erwägen. Wählen Sie die Projektbeteiligten divers aus nach Alter, Geschlecht, Hintergrund, Einstellung etc. Oder gehen Sie noch weiter und weisen in Absprache mit dem Management Projekten mehr Mittel für die ökologische und soziale Komponente zu, weil dies Signalwirkung hat. Berücksichtigen Sie bei den Lessons Learned zum Projektabschluss die Bewertung aller drei Dimensionen; überlegen Sie, inwieweit Ihr Projekt dazu beigetragen hat (oder haben könnte), sich auf dem Nachhaltigkeitsdreieck weiter zum Zentrum hin zu entwickeln, wie Sie die Prinzipien im täglichen Miteinander gelebt haben. Geben Sie zum Projektstart einen Überblick über die wichtigsten Nachhaltigkeitsinformationen und -prinzipien zur Sensibilisierung und Festigung eines einheitlichen wie praktisch ausgerichteten Nachhaltigkeitsverständnisses.

Es könnte auch das Thema oder Anliegen des Projektes selbst auf Nachhaltigkeit abgestellt sein, wie z. B. Umweltschutz, Ressourcenverbrauchssenkung, Arbeitszeitmodelle, Erstellung eines Nachhaltigkeitsberichtes. Ein solches punktuelles Vorbild treibt die neue nachhaltigkeitsbezogene Gesamtunternehmensausrichtung voran.

Berechnen Sie Ihren eigenen ökologischen Fußabdruck

Was ist Ihr persönlicher Beitrag?

- Kaufen Sie bewusst ein. Wenn möglich, dann vermeiden Sie Konsum. Achten Sie bei der Produktwahl darauf, woher das Produkt kommt, bevorzugen Sie langlebige, regionale Produkte, Produkte, die Sie gemeinschaftlich nutzen, oft wiederverwenden und reparieren können. „Reduce, reuse, recycle."
- Fahren Sie bewusst Auto: nur, wenn unbedingt nötig, zu einer moderaten Geschwindigkeit, und wenn möglich mit Passagieren.
- Essen Sie bewusst Fleisch, oder vermeiden Sie es ganz. Achten Sie auch bei der Ernährung auf die Herkunft der Lebensmittel. Regionale Produkte und Biowaren sind vorzuziehen.
- Vermeiden Sie wenn möglich das Fliegen.
- …

Es gibt fast unendlich viele Möglichkeiten des persönlichen Beitrags. Achten Sie bewusst auf Ihre Aktivitäten: Welche Konsequenzen haben diese, wer wird dadurch unterstützt, geschädigt etc.? Niemand ist „nur" ausgeliefert, sondern kann in seinem privaten und beruflichen Umfeld zur Nachhaltigkeit beitragen.

Ihren Fußabdruck können Sie berechnen unter www. myfootprint.org oder www.footprintnetwork.org

Literatur

Balik, M.; Frühwald, C.: Nachhaltigkeitsmanagement. Mit Sustainability Management durch Innovation und Verantwortung langfristig Werte schaffen, Saarbrücken 2006

Baumast, A.; Pape, J.: Betriebliches Umweltmanagement. Theoretische Grundlagen, Praxisbeispiele, Stuttgart 2009

Baumgartner, R. et al.: Sustainability Management for Industries. Wertsteigerung durch Nachhaltigkeit, Stuttgart 2005

BMW 2011: www.bmwgroup.com (12.01.11)

Brand, K.-W.: Politik der Nachhaltigkeit, Berlin 2002

Bundesministerium für Umwelt, Naturschutz und Reaktorsicherheit (BMU): Erneuerbare Energien in Zahlen. Nationale und internationale Entwicklung, Berlin 2008

Bundesministerium für Umwelt, Naturschutz und Reaktorsicherheit (BMU): Nachhaltigkeitsberichterstattung: Empfehlungen für eine gute Unternehmenspraxis, Berlin 2009

Bundesministerium für Umwelt, Naturschutz und Reaktorsicherheit (BMU): Nachhaltigkeitsmanagement in Unternehmen. Konzepte und Instrumente zur nachhaltigen Unternehmensentwicklung, Berlin 2002

Bundesministerium für Umwelt, Naturschutz und Reaktorsicherheit (BMU): Nachhaltigkeitsmanagement in Unternehmen. Von der Idee zur Praxis: Managementansätze zur Umsetzung von Corporate Social Responsibility und Corporate Sustainability, Berlin 2007

Bundesministerium für Umwelt, Naturschutz und Reaktorsicherheit (BMU): Ökologische Industriepolitik. Nachhaltige Politik für Innovation, Wachstum und Beschäftigung, Berlin 2008

Ekardt, F.: Das Prinzip Nachhaltigkeit: Generationengerechtigkeit und globale, 1. Aufl., München 2005

Ekardt, F.: Theorie der Nachhaltigkeit: Rechtliche, ethische und politische Zugänge, 1. Aufl., Baden-Baden 2011

Friedag, H. R.; Schmidt, W.: My Balanced Scorecard: Das Praxishandbuch für Ihre individuelle Lösung: Fallstudien, Checklisten, Präsentationsvorlagen, Freiburg 2006

Global Footprint Network 2011: www.footprintnetwork.org (17.10. 2011)

Glocalist, Greenpeace 2012: http://glocalist.com/, http://glocalist. com/news/kategorie/wirtschaft/titel/nach-puma-nun-auch-nike-giftfreie-produktion-ab-2020/ (12.01.12)

Gminder, C. U.: Nachhaltigkeitsstrategien systemisch umsetzen, Wiesbaden 2006

Grober, U.: Die Entdeckung der Nachhaltigkeit: Kulturgeschichte eines Begriffs, München 2010

Grunwald, A.; Kopfmüller, J.: Nachhaltigkeit, Frankfurt am Main 2006

H&M Verhaltenskodex 2011: http://about.hm.com/de/unternehme-rischeverantwortung (20.11.11)

Haas, B. et al. (Hrsg.): Nachhaltige Unternehmensführung, München 2007

Habisch, A.; Schmidpeter, R.; Neureiter, M.: Handbuch Corporate Citizenship: Corporate Social Responsibility für Manager, Berlin 2007

Hardtke, A.; Kleinfeld, A.: Corporate Social Responsibility – Gesellschaftliche Verantwortung von Unternehmen: Von der Idee der Corporate Social Responsibility zur erfolgreichen Umsetzung, Wiesbaden 2010

Hauff, V. (Hrsg.): Unsere gemeinsame Zukunft. Der Brundtland-Bericht der Weltkommission für Umwelt und Entwicklung, Ascheberg 1987

Jackson, T.: Wohlstand ohne Wachstum: Leben und Wirtschaften in einer endlichen Welt, München 2011

Kamiske, G.; Brauer, J.: ABC des Qualitätsmanagements, München 2012

Kleine, A.: Operationalisierung einer Nachhaltigkeitsstrategie: Ökologie, Ökonomie und Soziales integrieren, Wiesbaden 2*Kostka, C.; Mönch, A.:* Change Management. 7 Methoden für die Gestaltung von Veränderungsprozessen, München 2009

Kraftfoods Responsibility Report 2010: www.kraftfoodscompany. com/SiteCollectionDocuments/pdf/kraftfoods_responsibility_report.pdf (14.11.12)

Lounès, M.: „Nachhaltige Supply Chain Netzwerke zahlen sich aus", in: TU International, August 2009

Meadows, D. et al.: Grenzen des Wachstums. Das 30-Jahre-Update: Signal zum Kurswechsel, 3. Aufl., Stuttgart 2008

Meadows, D. L. et al.: Die Grenzen des Wachstums, München 1972

Mintzberg, H.: The Nature of Managerial Work, New York 1973

Mohr, N.; Woehe, J. M.: Widerstand erfolgreich managen. Frankfurt am Main 1998

Müller-Prothmann, T.; Dörr, N.: Innovationsmanagement. Strategien, Methoden und Werkzeuge für systematische Innovationsprozesse, München 2011

Ott, K.; Döring, R.: Theorie und Praxis starker Nachhaltigkeit, Marburg 2008

PE Europe 2005: www.pe-international.com (20. 11. 11)

Projektisten 2011: Persönliches Gespräch/Interview mit Geschäftsführer Dirk Riedmüller am 13. 10. 2011

Pufé, I.: Best Practices in Corporate Social Responsibility, München 2011

Pufé, I.: Nachhaltigkeit, München 2012

Radermacher, F. J.; Beyers, B.: Welt mit Zukunft: Die ökosoziale Perspektive, 7. Aufl., Hamburg 2011

Ruder, R. X.: Corporate Governance und Corporate Social Responsibility. Handlungspflichten und Empfehlungen für den Aufsichtsrat, Stuttgart 2009

Schmid, D. et al.: Qualitätsmanagement: Arbeitsschutz und Umweltmanagement, Haan Gruiten 2008

Stoll, B.: Sozial und ökonomisch handeln: Corporate Social Responsibility kleiner und mittlerer Unternehmen, Frankfurt am Main 2009

Vereinte Nationen, World Population Prospects 2010: http://esa.un.org/unpd/wpp (12. 01. 12)

Weizsäcker, E. U. von et al.: Faktor Fünf: Die Formel für nachhaltiges Wachstum, München 2010

Welzer, H.; Wiegandt, K.: Perspektiven einer nachhaltigen Entwicklung: Wie sieht die Welt im Jahr 2050 aus?, Frankfurt am Main 2011

Wenzel, E. et al.: Greenomics. Wie der grüne Lifestyle Märkte und Konsumenten verändert, München 2008

Werner, K.; Weiss, H.: Schwarzbuch Markenfirmen, Berlin 2010

Wiedemann 2011: Persönliches Gespräch/Interview mit fair society Geschäftsführerin Bianca Wiedemann am 28.10.2011